看圖讀懂電子回路

図解電気回路のしくみ

日本大學生產工学部副教授 專任講師
稲見辰夫——著
陳倉杰——譯
大同大學機械系專任教授兼系所主任
葉隆吉——審訂

審訂序

從上世紀中期（一九四八～一九五〇）人類文明史上的第一顆電晶體（Transistor），由貝爾實驗室（Bell Lab）發明以來，到二〇〇〇年八月英特爾公司（Intel Co.）發表了由四二〇〇萬顆電晶體設計組合而成的奔騰第四代微處理器（Pentum 4 CPU），電子技術在後續短短的半世紀中得到空前快速的進展，不斷的在人類文明歷史進程中，展現各種奇蹟式的成果。從微波爐到太空梭都可以找到它擅長的角落，如今的人類已經不能片刻脫離這個充滿電子科技的環境。對於提供我們最大便利及創造舒適生活的神奇電子世界，實在不能沒有一點基本認識。本書的第一章便開宗明義的告訴讀者——有電才有現代社會。

然而，對於一般人來說，望著一塊不起眼的電路板，上面插著密密麻麻不相識的電子零件，實在想不透也很難搞得懂，為甚麼它就是可以唱出歌聲、播出影像呢？其實它並沒有想像中那麼難，只要稍微熟悉基本的電路及電子元件的工作原理，便可以自己動手試試看。書中的第二章和第四章就是以此為出發點寫成的，即使你是門外漢，也可以看得懂。只要你願意，甚至可以照著書中的電路DIY。作者稻見辰夫以他多年的教學經驗（高工機械教師、校長），巧妙地避開艱澀的說理，提供讀者具體務實的電學及電路應用上的概念，配上簡練的圖文說明，以一到兩頁為一個單元的編排，即使是初次接觸這類知識的人，也很容易就看得津津有味，在不知不覺中學會了實用的電子電路基本知識。

第三章則教你使用三用電錶，並介紹一些生活中常用家電的電路原理，這可以使你在家裡的電器用品故障時，自己先檢查一番，也許它只是保險絲不慎被燒斷了，或者某一條電線被老鼠咬斷了而已，無須急著請售後服務人員到家裡來。第五章提供了一些基本的馬達控制電路和入門的邏輯IC，後者分量雖嫌不足，但可做為入門的引導，這一章所介紹的電路，也許可以激發你想要應用這些電路，去做出一些可以控制或可以為你省力的機械，這是相當實用且有趣的安排。

對於非本科系或非電子專業背景的人，在想要進入電子技術領域的時候，往往不得其門而入。如果您就是那個人，眼前的這本書便是您最佳的選擇。預祝本書的讀者都可以經由書中豐富實用的知識，得到一次愉快的學習經驗。

台北市發明造物教育研究會
葉隆吉
大同大學　機械系副教授

自序

你對電有興趣嗎？電使我們的生活更加便利，是各種工具及機械的能源，是最接近我們的一種存在。因此，理所當然的很多人對電有興趣。

可是，若是將前述的問題改成「你對電路有興趣嗎？」答案又是如何呢？在周遭充滿各種電器的現代，即使完全不瞭解其主要部位的電路或元件，我們一樣可以加以使用，並且享受其機能。因此，可能有人會回答：「那種莫名其妙符號標示的電路，我根本不想搞懂。」可是，這些方便的電器用品，正是因為有電路，才對我們的生活有所幫助。

筆者曾服務於高工擔任老師，進而升任校長，專業背景是機械。為了要完全的瞭解機械，我知道學生必須瞭解電路相關的知識。的確，剛開始看電路圖的時候，並不是十分瞭解圖示符號。為了能夠理解，必須下很大的功夫加以記憶。出版社主編跟我討論寫作事宜之時，我覺得能運用自己的經驗，寫一本簡要、人人看得懂的電路書籍是一件很不錯的事，因此決定執筆。

本書特點如下：

・儘量排除公式，以解說電子零件的原理與結構為主。
・以家中與身邊常見的電器為例，說明其結構與電路的原理。
・從簡單到複雜的電器，學習循序漸進。
・分別解說電氣回路與電子回路。
・詳解回路使用的各種符號，與電、電子零件互相對照。

本書對於構成電路之零件、元件、家電製品之電路、馬達回路，以及IC之邏輯電路等，相關的電路基本知識，以淺易的方式進行解說。若能加深讀者對於認識電路之契機，則為筆者之幸。

稻見辰夫

目錄

▼第3章 三用電錶的使用與家電用品的電路

▼第4章 電子機器的元件與迴路

▼第5章 控制馬達的迴路與邏輯電路

第 1 章

電是現代社會的基礎

1 身邊的電

由於電子技術的快速發展，我們可以利用電能來做各種用途，過著方便舒適的生活。

廚房裡有電子鍋、微波爐、冰箱、果汁機、榨汁機、烤麵包機，房間裡有收音機、電視、音響設備、平板電腦、ＣＤ唱盤、傳真機、電話、電腦……等電器製品。此外，還有為了改善居住環境而裝設的冷氣機和中央空調系統，以及維持安全的保全裝置。

因此，我們的身邊充滿了各種電器，可以說沒有電就無法維持我們的生活是一點也不為過的。運作這些電器的主要部位，就是「電路」。

電路包括電阻、電容器、電晶體、ＩＣ、變壓器等零件，為了進行某種目的作用而連接的結線。此外，ＩＣ（Integrated Circuits）裡則組合了數萬個電晶體、電容器等零件。

電路位於電器製品內部，我們平時看不見，只要將蓋子打開，就有非常有趣的電路世界在等待我們。

那麼，通往電路世界的旅程就要出發。為了預作準備，一起先來認識電的基本性質以及電能的使用歷史。

◆ 家中的各種電器用品

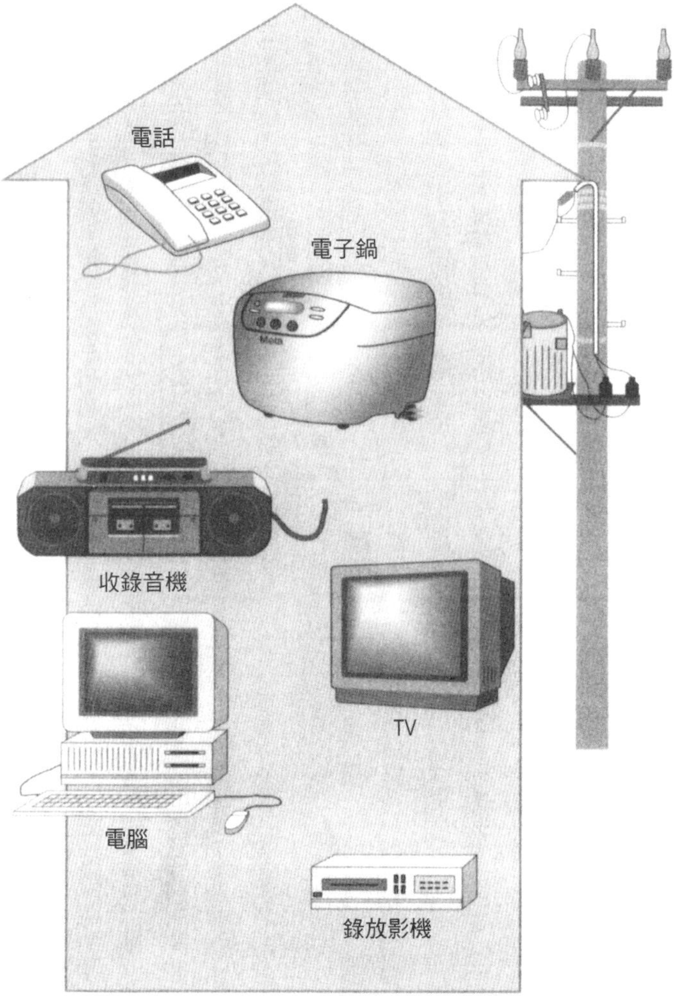

2 所有物體都有電

與我們的生活無法息息相關的電究竟是什麼呢？電看不見，也沒有實體。

如果不小以碰觸，還會因為觸電而發麻，甚至死亡。

雖然不知道電的真面目究竟為何，可是，如果告訴各位「所有的物體都有電」，相信許多人都會感到驚訝。事實上，我們所穿的衣服和身體都有帶電。

例如我們使用帶有水氣的平底鍋時，會先利用加熱使水氣蒸發。這種現象就是水變成肉眼看不見的微小粒子向空中擴散。

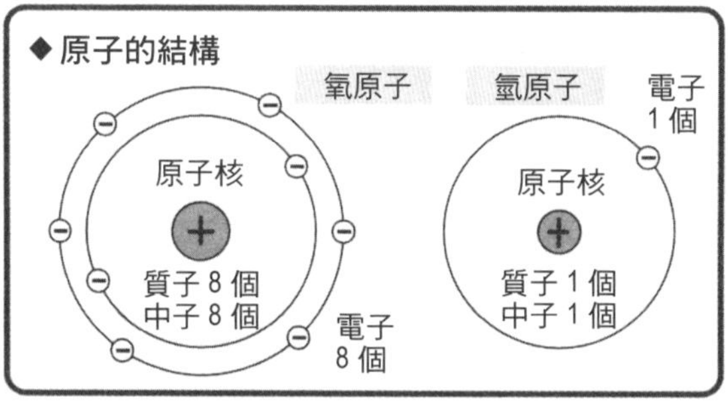

這種微小粒子就是水分子，而物質無法再被分割的最小單位就是分子。但如果把水進行電解，則可再分為氫原子與氧原子。

氫的原子，如上圖所示，原子核由一個帶正電的質子與一個中性的中子所形成，外圍有一個帶負電的電子。而氧原子則由八個質子和中子的原子核，外圍八個電子所組成。一切的物質帶電，都以質子或電子的形式。

3 自由電子與電的流動

日常生活中最常看見的電氣現象就是靜電。舉例來說，摩擦墊板或塑膠尺可以吸引毛髮豎起，冬天碰觸門把會有觸電的感覺，這些都是靜電造成的。

以電的性質來說，原本塑膠或琥珀呈電中性，如果用布摩擦，會因為電子移動而帶電，不再呈電中性。

可是，金屬等即使不用布摩擦，也具有可以自由移動的電子，也就是自由電子。這些自由電子如同水可以自由流動一樣，電子也可以自由的在金屬原子的結構中自由移動。

一般而言，金屬之所以是一種電容易通過的導體，就是因為有自由電子。如果在這些金屬加上電壓，金屬原子間的自由電子就會移動，產生電流。

但是，正如在學校學過的，電流流動的方向與電子流動的方向是相反的。由於電子流與電流的方向相反，實在是一件不方便的事。

電子流與電流方向相反，是因為一八〇〇年發明的伏特電池進行物質的電性分解研究，此時必須要決定電的正負與電的流向。

這時候，著名的英國科學家法拉第（一七九一～一八六七）便以帶正電的金屬離子為思考中心，因此，正電的電流方向便成為電流的方向。當時人們還沒有發現電子，因此會以金屬離子做為電分解的主要原因。

4 電能運用史

一八〇〇年伏特發明了可以連續供應電力的電池，對於科學技術的發展具有重大貢獻，是電能首次實用化，一八〇八年英國科學家戴維（一七七八～一八九二），利用兩千個伏特發明的電池點亮了弧光燈。

這是人類首度將電能用於照明的實驗。但正式的使用則是一八八二年美國愛迪生利用日本竹製作燈絲、發明了燈泡。上方圖示是目前的燈泡，與愛迪生的發明已不同。

現在的日光燈是一九三八年由美國喬治・殷曼所發明（日光燈的結構請參考次頁上圖），這些都是電能使用於照明的情況。

接下來是法國畢克希於一八三二年發明發電機。接著，比利時的克拉姆發現，將發電機能量轉化的方向相反，則為馬達。因此，電能開始成為一種動力，冰箱、洗衣機、工廠機械，都利用馬達得到極大的動力（參考次頁下圖）。不久，運用於

◆電燈的結構

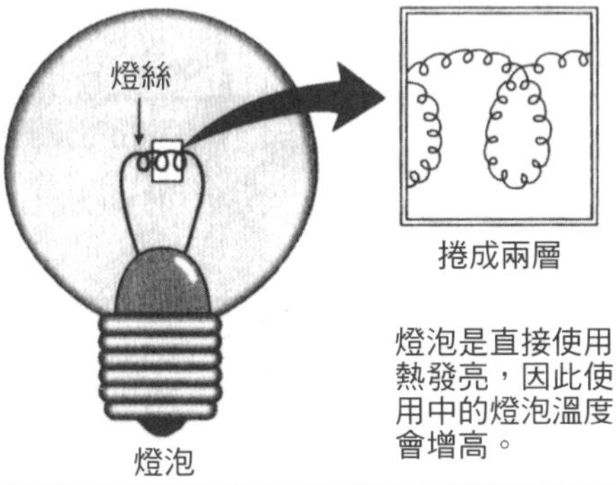

燈泡是直接使用熱發亮，因此使用中的燈泡溫度會增高。

◆ 日光燈的結構

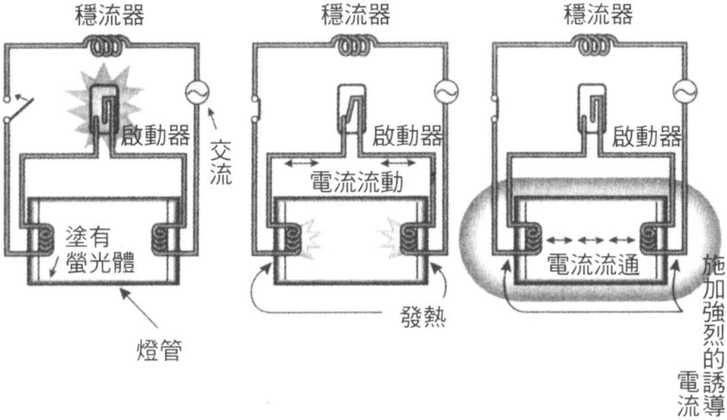
打開開關啟動器
開始放電
啟動器的電極接觸
啟動器的電極分開

◆ 各種馬達

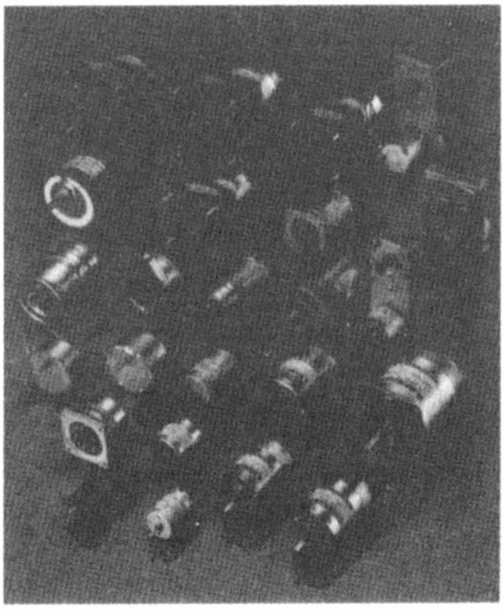

◆ 直流馬達的結構

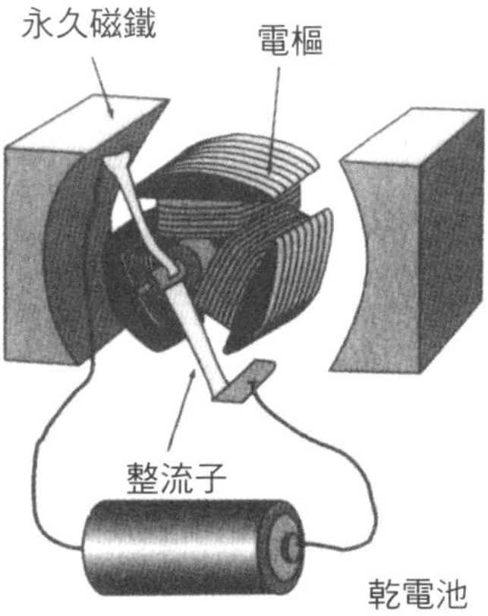

照明、馬達的電能用於電話、收音機、電視等通訊機器，電能也成為電熱器、微波爐、空調等動力源，此外，由於電晶體的發明，也開始用於電子計算機、控制器等。

因此，現代是一個沒有電能就難以生活的時代。

以上簡單敘述電能的各種用途。下一章則要開始討論各種電器之主要部分——電路。

◆ **冰箱的結構**

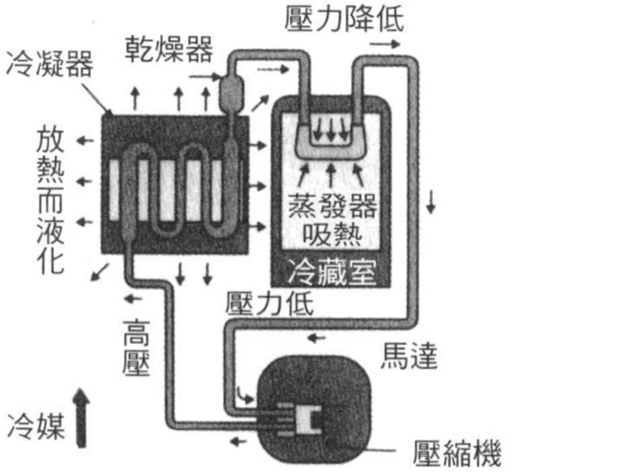

蒸發器吸熱使氟氯碳化物成為氣體在壓縮機的回收冷凝器中液化送往蒸發器

◆ **冷氣機**

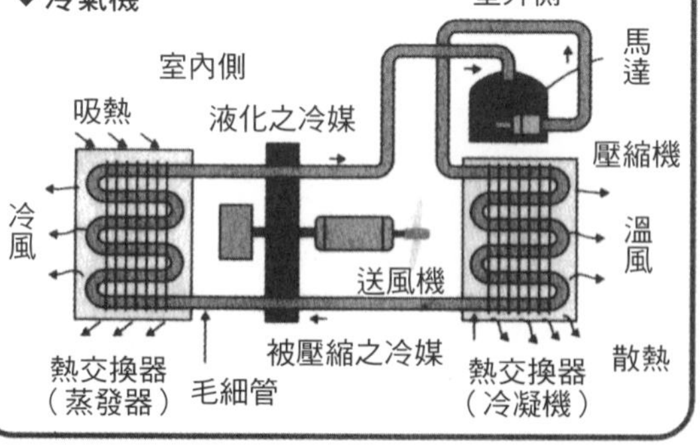

第 2 章

各種電路元件的結構與符號

1 直流與交流的表示方法

打開電視與電器，可以看見內部有複雜配線的綠色電路板，上面有電路。但是，乍看之下極為複雜的電路，事實上所使用的零件種類卻相當有限，我們可用各種符號加以表示。

電流的流動方式，分為一般家庭中使用的交流電、乾電池以及由ＡＣ整流器得到的直流電；交流電是電壓交替正負變化流動的電流，直流的電壓沒有正負變化。

但是，所謂的交流、直流，電壓究竟如何流動，其實我們看不見。不過，可以使用可看見電流波形的示波器等儀器，進行觀察。

首先將燈泡、電池、示波器加以連接，當燈泡點亮之後，示波器螢會出現如次頁圖1的水平線。不論等待時間多久，螢幕上的電壓與電流都不會有所變化。換言之，正因為是直線流通的電池故稱直流電。

接著，來調查家庭插座的電流，將插座、燈泡、示波器連接在一起。這時候燈泡會點亮，示波器出現如次頁圖2的波形。

這表示隨著時間的經過，電壓與電流會出現變化。因為方向與大小有所變化，故稱交流電。電路的符號中交流與直流的表示方式則如次頁圖3。

◆圖 1　直流的波形

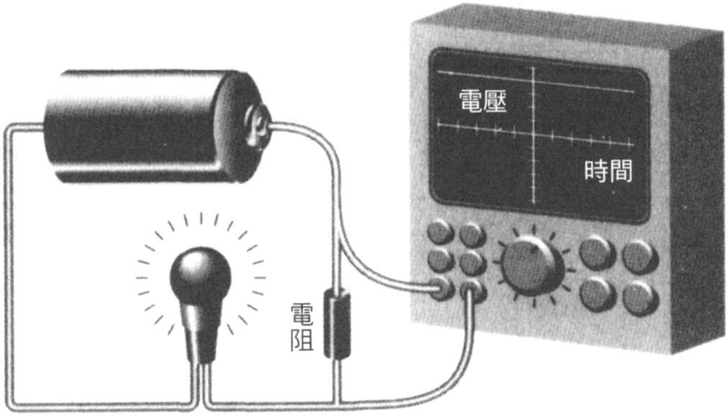

◆圖 2　交流的波形

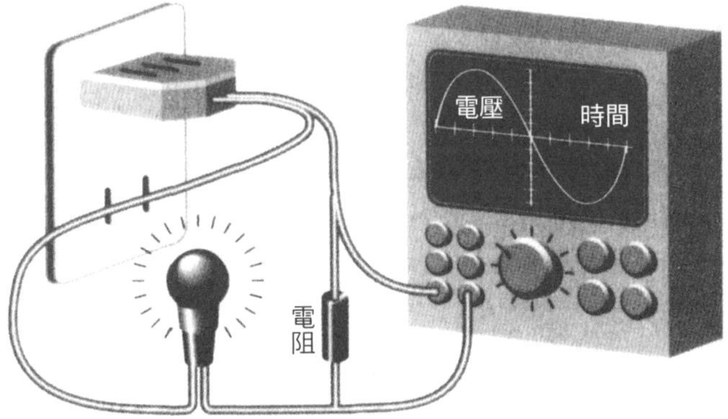

◆圖 3　直流與交流的符號

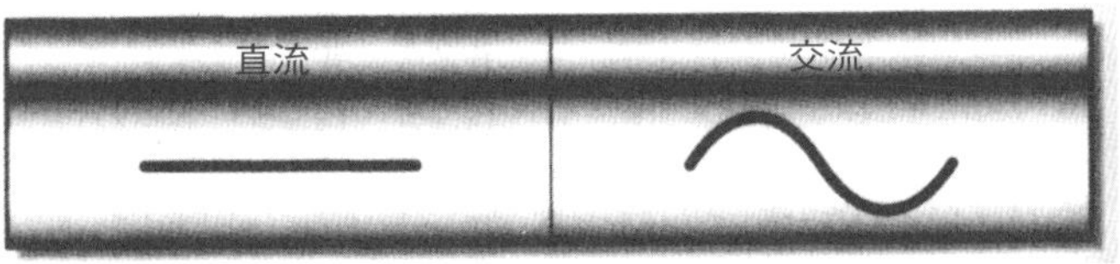

2 直流電源與交流電源

直流表示一定電壓與電流的電，會發出這種電源的，首推電池。電池可分錳電池、鹼性電池、鋰電池等乾電池，以及鉛蓄電池、鎳鎘電池等蓄電池。後來還出現了以太陽能發電的太陽能電池、以燃燒燃料而取得電力的燃料電池。

除了電池，產生直流電使用於音響、電話答錄機等的是AC整流器。交流電相對於直流，會隨著時間，電壓、電流產生正負的交替變化。交流電來自於以水力、火力、核能等各種方法進行發電的發電廠，經由各個變電所，最後進入電線杆上的變壓器，配送於一般家庭。所以，交流的電源最常見的就是家中的插座。次頁圖1則是從發電廠至各個家庭的途徑。各種電源的符號則如次頁圖2所示。

◆各種電池

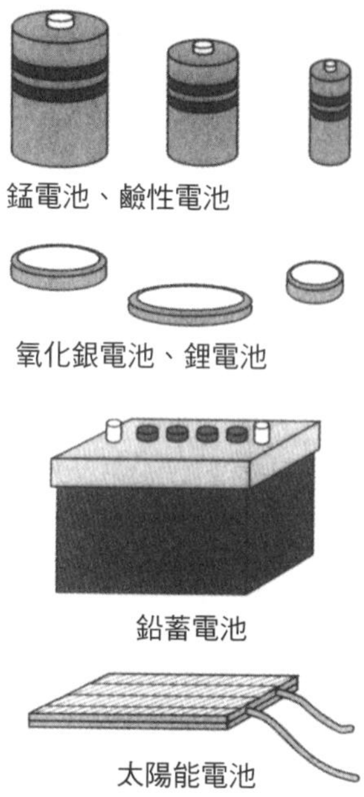

◆圖 1　從發電廠到消費者的電力通道

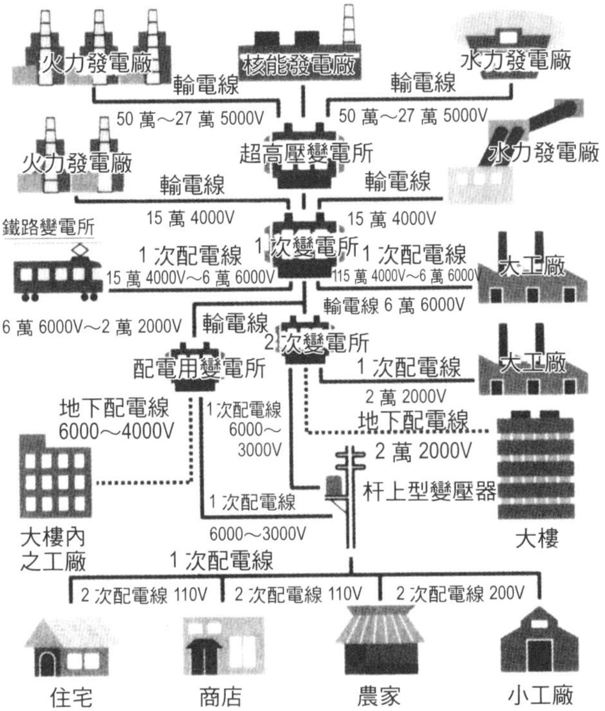

◆圖 2　各種電源符號

直流電源	交流電源	插頭
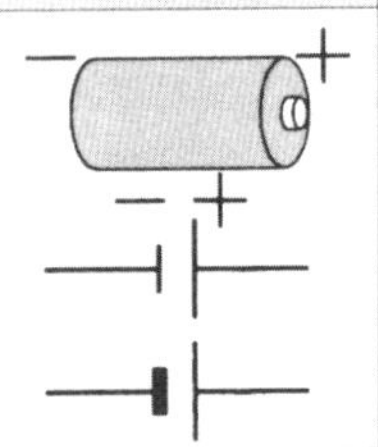		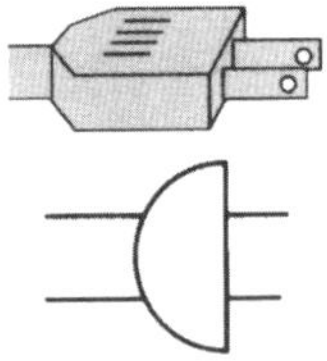

3

導線與導線的連接

通電的線就是導線。導線的材料一般使用的是銅或是鋁，特殊的導線，則使用白金或是鎳鉻合金。

若導線直接以裸線使用，此時很容易引起短路或是斷線，因此通常會以塑膠披覆或是包覆棉線使用。

導線互相接觸時，電流即可流通。最好的例子就是，在家中將插頭插上插座，電就可以流通。

不過，在電路上連接導線時，要將線與線扭合，並且確實的焊接，這是非常重要的。導線的結構、連接以及符號，請參考下圖。

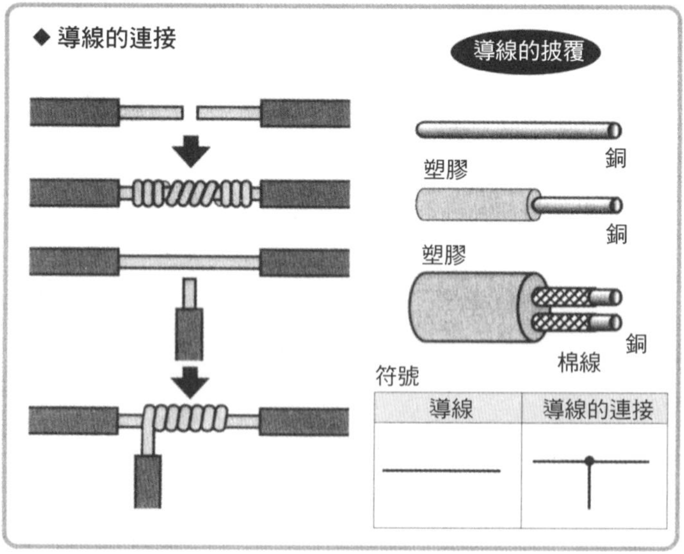

4 何謂電壓

我們先利用水壓來解釋電壓。如圖中最右邊，在連接管線的容器中加入水。若左右邊的水位相同，則左右平衡，水不會流動。

這時，如果在容器的右側加水，使右側水位上升，則水會由右往左移動（圖中央）。在左右水位有差距的時候，管線的水會發生流動，並由高水位流向低水位。

若繼續在右側注入更多的水，增加左右水位的差距，則水的流動量也會變大（圖左）。換言之，水位的差（水壓）越大，流動的水勢就越大。此外，想要維持水流，便需要幫浦的協助，也就是說，想要使水強力流動，就需要強力的幫浦。

電的流動（電流）其實和水流動（水流）極為相似。以電的情況來說，電壓與水壓相似，電的流動也是從高電壓流向低電壓。

此外，為了維持電的流動，擔任幫浦角色的，就是電池或是發電機。如果想要強力的流動，就需要強力的電池或發電機。電壓的單位是V（伏特）。

◆水流與電流

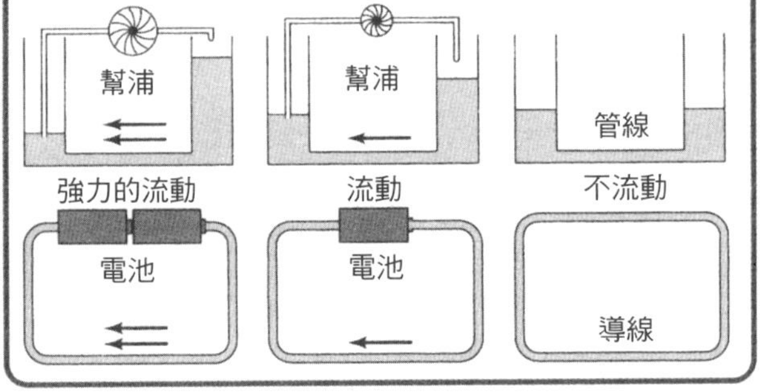

5 電流、電阻以及歐姆定律

對金屬等導體加上電壓，會有電流流通。顧名思義，電流就是電的流通。

將此圖的電路開關打開，電池、導線以及燈泡會有電流流通。這就是電流的

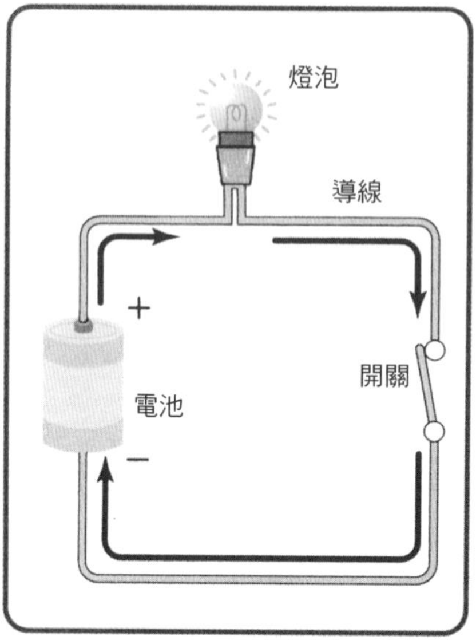

流動，電流的單位是A（安培）。安培的名稱來自法國的物理學家安培（一七七五～一八三六）。

前面談過金屬有自由電子，因此電流容易產生。金屬加上電壓，電流會發生流動，就是因為自由電子的緣故；稱為「傳導電流」。

金屬是容易流動電流的代表性物體，容易流動即代表電阻較小。電阻是一種阻止電流流動的性質，以Ω（歐姆）表示其單位。

舉例來說，在導線中間裝上燈泡或電熱器，會發光發熱，就是因為電阻的升高，高電阻可將電能轉變成光能，或轉變成焦耳熱的熱能。

此外，不同物質各有固定的電阻值，可分為銅、鋁等電容易流動的物質（導體），絕緣體或橡膠等，電不易流動的物質（絕緣體），以及介於導體與絕緣體中間性質的半導體。

到目前為止，前面談過的電壓以及這裡所介紹的電流、電阻，與電有關最重要的三大要素已經出現。接著要說明在學校教過的歐姆定律。

歐姆定律是德國物理學家歐姆（一七八九～一八五四）於一八二七年發現的定理：

「通過線狀導體兩點間的固定電流，與兩點間電壓（電位差）V成正比。」

$$V = IR，I = V/R$$

歐姆定律的公式，如上所示。公式中的比例定數R，就是這裡所要談的電阻。電阻值的單位是歐姆Ω，就是取自物理學家歐姆的名字。

從公式中可以知道，電壓V固定的時候，電阻越大，電流越小；相反的電阻越小，電流就越大。從公式即可了解電阻會使電不易通過。

歐姆定律的定義接下來將會經常出現，請各位牢記在心。

◆電阻或電阻器符號

電阻或電阻器

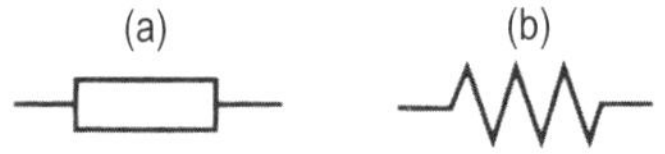

(b)較常使用

6

各種電阻器

前面提到電流與電阻之間的關係以及歐姆定律。在這裡不只要說明電阻的概念，也要說明實際的電阻器問題。

電阻器的種類，分成不能改變電阻的「固定電阻」，以及可以改變電阻的「可變電阻」兩種（參照下圖）。

電阻器的材質方面，除了鎳鉻合金（Ni八〇%、Cr二〇%）、鎳銅合金（Ni四五%、Cu五五%）等合金，還會使用碳元素。

下圖是各種電阻器，有些電阻器上面會標示二五〇kΩ等數字，有些則以有顏色的色線標示而沒有數字，但色線具有一定意義與規格，因此我們可以從線的顏色判

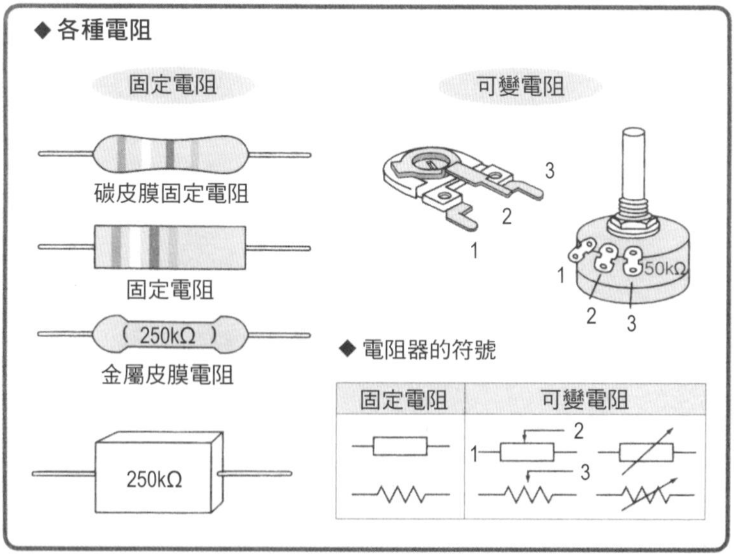

斷電阻。

如何判斷電阻器的電阻大小呢？如左圖電阻器的色線由左向右讀取。顏色與數字的對照，可參照下表。

可變電阻是電視或音響轉鈕或調節部位常用的元件。由左向右轉動，可使電阻值產生連續性的變化。

◆電阻解讀示例

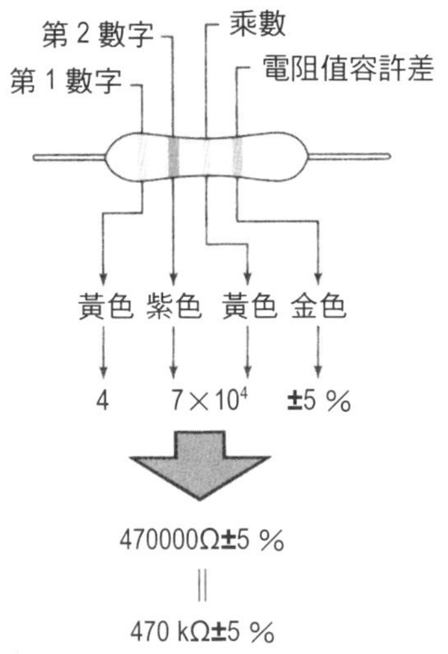

◆電阻器色帶所表示之電阻大小

色	第 1 色帶 第 1 數字	第 2 色帶 第 2 數字	第 3 色帶 乘數	第 4 色帶 電阻值容許差（%）
黑	0	0	1	－
褐	1	1	10	±1*
紅	2	2	10^2	±2*
橙	3	3	10^3	
黃	4	4	10^4	
綠	5	5	10^5	
青	6	6	10^6	
紫	7	7	10^7	
灰	8	8	10^8	
白	9	9	10^9	
金			0.1	±5
銀			0.01	±10
－				±20**

*適用於碳皮膜固定電阻
**適用於固定電阻，不以顏色表示。

7 電力與電力錶

如左圖所示，打開電路開關之後，若燈泡點亮，表示電能發揮了使燈泡發亮的作用。

在我們家庭之中，打開電路開關，可使電能變成電視聲音與影像，或是成為電熨斗或電暖爐的熱能。

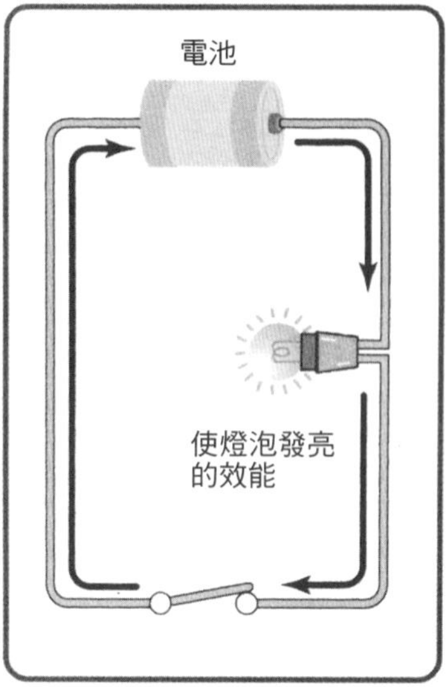

像這種運用電能所進行的工作，稱為電力，電力的單位是W（瓦特）。一W是「一V電壓下，流經一A電流所產生的效能」，公式如下：

電力W＝電流大小（A）×電壓（V）

可知電力的大小與電壓、電流的大小成正比，所以想要發揮更大的效能，可將電流及電壓提高即可。

在電壓的解說（二七頁）中所見，可以用水的流動加以說明。次頁上圖是一個水車裝置的容器，水車的效能，便與水壓及水量成正比。換言之，水位高則水壓高，若將水流出的管線加粗，便可以增加水車的效能。

以電的情形而言，通常四〇W的燈泡

與一〇〇瓦的燈泡，其效能相差二・五倍。一般家庭電壓大致固定在一一〇V，因此可以依電量的差別來增加效能。套用前頁電力的計算公式，前者的電流為〇・四A，後者電流則為一A。

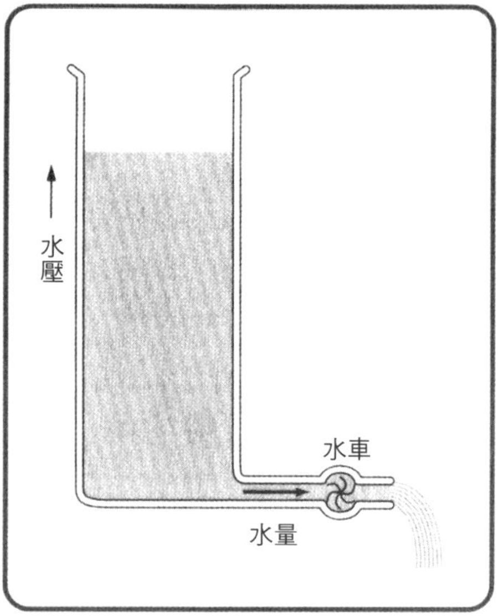

每一個家庭都裝有電錶（電力量錶）。這是測量一個月中所使用的全部電力量，電力量錶所測定之電力量（Wh），則以下列公式表示。

電力量（Wh）＝電力（W）×時間（h）

電力計與電力量錶的符號，則如下圖所示。

◆ 電力計與電力量錶（電表）符號

電力計	電力量表
W	Wh

8 白熾燈泡與日光燈的符號

白熾燈泡是利用電流通過燈泡中的燈絲會產生高熱，將電能轉化為光能的性質。

燈絲是用鎢合金所製造，可耐高溫（熔點為三四〇〇℃），而且為了避免與其他物質產生氧化作用，加入低活性的氬氣。

日光燈的結構則不如燈泡簡單，因為白熾燈泡只要電流流通就會發光。日光燈是由燈管、啟動器和穩流器三個部分所構成。

日光燈管的結構是在管中裝入水銀和氬氣，燈管內壁塗上螢光物質，燈絲是裝燈管左右兩側。

打開日光燈開關時，會發出閃光的小圓柱狀元件，稱為啟動器，是由兩種金屬貼合製成。穩流器則是由線圈製成之變壓器狀的元件（參照四五頁）。

日光燈點亮的過程，首先，通電使啟動器瞬間放電，產生高溫，令雙金屬彎曲，接著燈管流通電流。因此使燈絲加熱，管中的水銀氣化。

電流進入燈管後，啟動器的雙金屬溫度下降而恢復原狀，進而遮

◆ 燈泡的結構

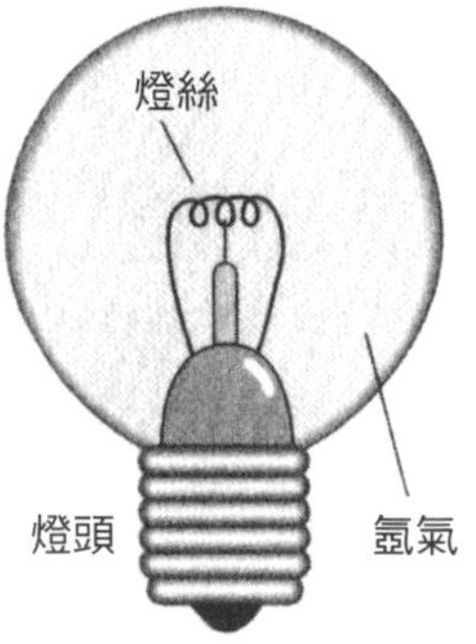

◆ 日光燈的結構

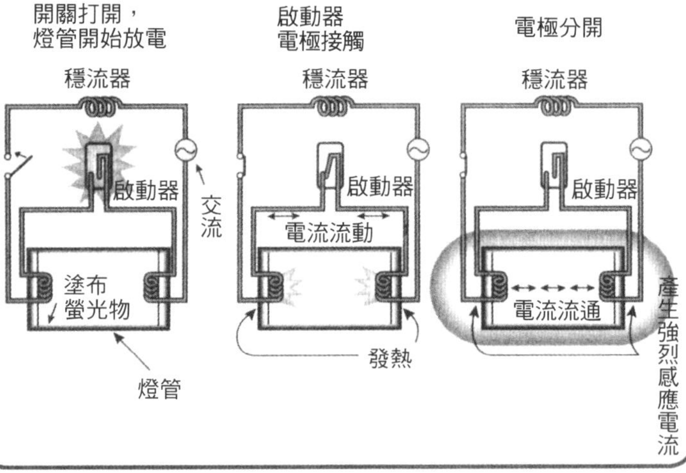

斷電流。此時穩壓器線圈會產生高壓電，向燈管兩邊的燈絲放電。接著，放電的電子與蒸發的水銀原子接觸，產生紫外線，撞擊燈管內壁的螢光物質，最後發出螢光。也就是日光燈點亮了。

白熾燈泡與日光燈的符號，則如左圖所示。

二極體

二極體原本指的是有兩個電極的二極真空管，目前一般所指稱的二極體，則是以pn接合二極體為代表的半導體。此外，二極體的電壓V與電流I特性，依照歐姆定律，呈現如上圖的曲線。

◆ 二極體的電壓電流特性曲線

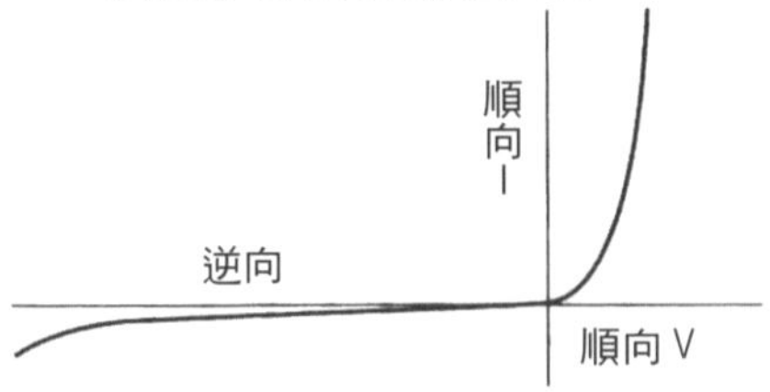

pn接面二極體，是具有p型半導體與n型半導體互相接合而構成之二極體。

這裡所謂的p型與n型半導體，則是由混入矽或鍺等單體半導體內之不純物的種類而決定。

舉例來說，矽或鍺各帶有四個價電子，若混入三個價電子的硼或是鋁，就會缺少一個電子，形成一個電子的空位（稱為電洞）。而且電洞附近的電子會漸漸移動，看起來是電洞在自由移動，故而取正電（positive）的p，稱為p型半導體。

相對的，若混入的是帶有五個價電子的硼或砷，就會多一個電子，成為可以自由移動的自由電子。相對於電洞自由活動的p型，因為是帶負電的電子來回移動，故取 negative 的n，稱為n型半導體（參照次頁上圖）。

pn接面二極體具有順向（由p到

n）電流可以流動，但逆向（由n到p）

◆ p型半導體與n型半導體

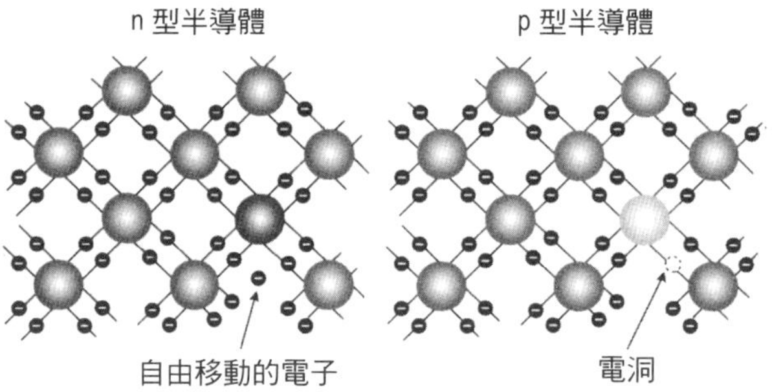

磷（p）有五個價電子，進入矽會多一個電子，這個電子自由移動會產生電流。

鋁（Al）有三個價電子，進入矽會缺一個電子，因而產生一個空位，這個空位稱為電洞。

不會流動的特性。利用這個性質，可做為將交流轉為直流的整流元件（圖1）。pn接面二極體的符號，則如圖2所示。

此外，n型半導體端是陰極，p型半導體端則是陽極。

◆ 圖1　使用二極體整流

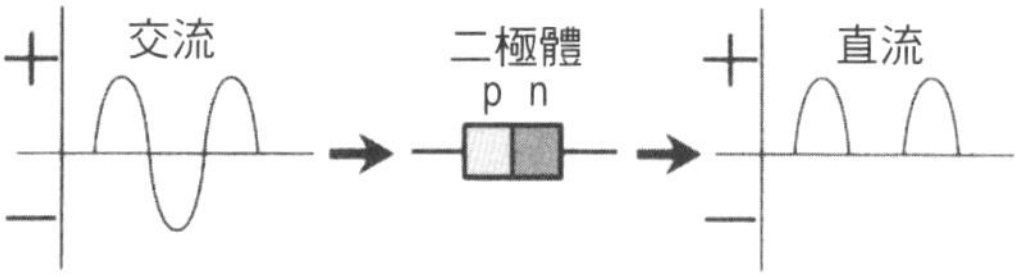

◆ 圖2　二極體符號

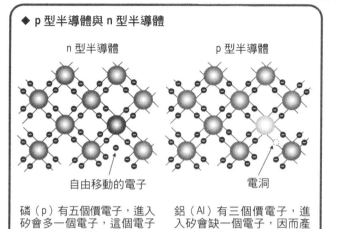

10 二極體的動作原理

如前一節所示，將p型半導體與n型半導體結合的結構，稱為pn接面（p-n junction）這種構造就是pn接面二極體。

那麼，pn接面二極體的動作原理究竟如何？

pn接面，會使p型半導體中的電洞，擴散至n型半導體，而n型半導體的電子，則會擴散至p型半導體中。這種現象稱為擴散，擴散的發生會使p型與n型半導體接面部分的載體（電子與電洞）電性中和，變成不帶電。載體消失的區域則稱為空乏層。

由於空乏層形成，pn接面的電子會儲存於n型半導體，電洞則儲存於p型半導體。在此種情況之下，如次頁圖示，呈現p型半導體的能量高於n型半導體的現象。此種n型與p型半導體之間的電位差，稱為電位障礙。

如果將p型半導體接上電池的陽極，n型半導體接上電池的陰極，然後通電流，則p型半導體的電洞會通過空乏層，流入陰極的n型半導體。此種外加電壓的方式稱為「順向偏壓」。

順向偏壓電流的流動，是因為p型部分加上正電後（電子的能量減少），會使p型部分的能量降低，導致p型與n型間的電位障壁降低所致。

如果加大順向偏壓的電壓，則n型半

導體與p型半導體之間的能量差會減少，電位障壁消失，更多的電流流動。

如果相反的將p型半導體接上電池的陰極，n型半導體接上電池的陽極，則p型半導體中的電洞會被電池的陰極牽引，而n型半導體亦會被電池陽極所牽引，因而導致電位障壁升高，阻礙電流的流動。此種加電壓的方式稱為逆向偏壓。

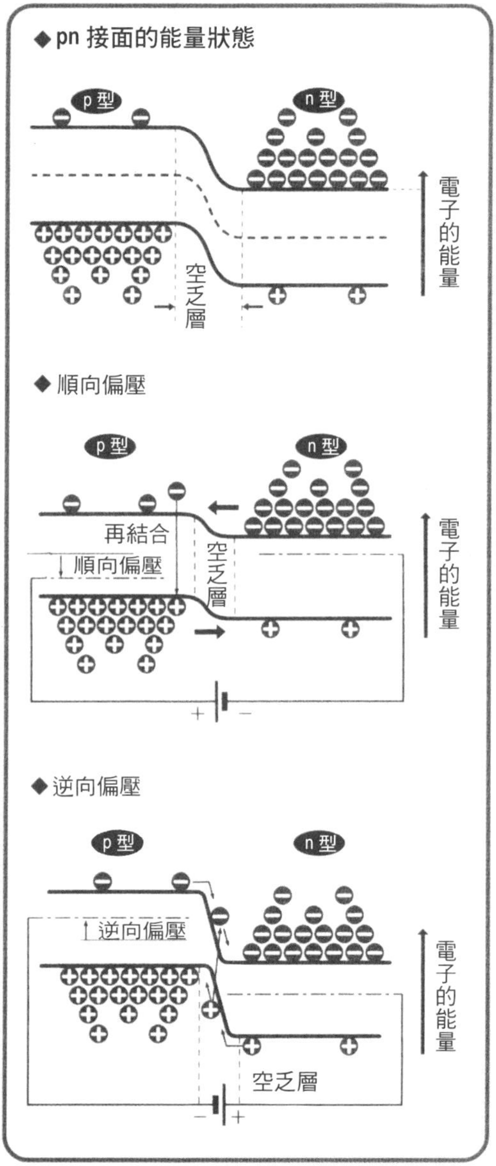

發光二極體

▼ p型半導體與n型半導體接面的pn接面二極體，其中包括可以發光的發光二極體。

顧名思義，發光二極體（LED＝Light Emiting Diode）就是通過電流會發光的二極體。

在pn二極體中加上順向偏壓（p型部分為陽極，n型部分為陰極），那麼，p型半導體部分會產生電子流動，n型半導體部分則產生電洞流動。此外，在pn接面附近的電洞與電子，會因為旺盛的結

◆ 發光二極體原理

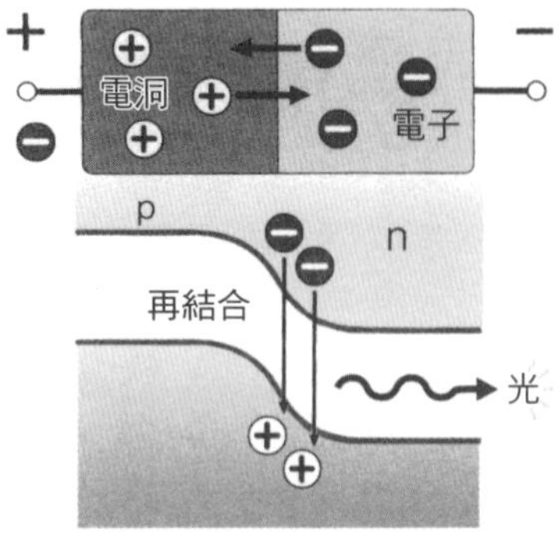

◆ 發光二極體材料與發光顏色

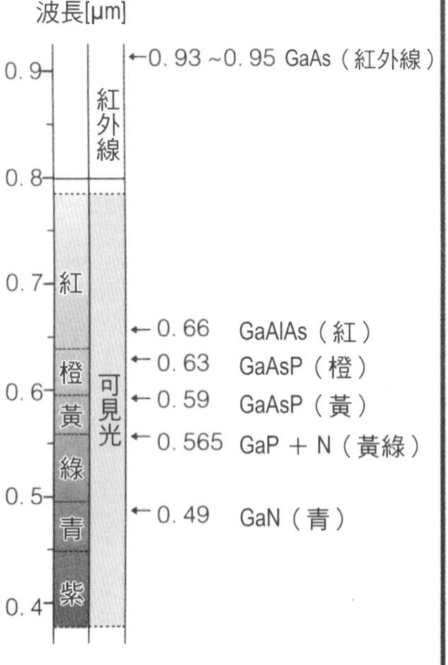

合而消失，此時，特定的半導體，其電子與電洞流動時，會產生可以發光的能量。利用此狀況而發光的就是發光二極體。

發光二極體的特點是比燈泡所消耗的電力少很多，壽命更長，因此廣泛的使用於電子機器的指示器和遙控。其消耗電力的程度之低，只要有一～四V，電流在二〇mA以下即可產生發光動作。

放出的光的波長，也就是顏色，會因為半導體特性的不同而有所差異，例如GaAs（鎵砷）的波長可發出紅外線光。

此外，發光二極體使用的LED材料不同，發出的光顏色也不同。GaAs（鎵砷）是紅色，GaAsP（鎵砷磷）是橙色或是黃色，如果在GaP（鎵磷）中加入N（氮）是黃綠色，GaN（氮化鎵）則是青色。

左圖表示發光二極體的結構與符號。

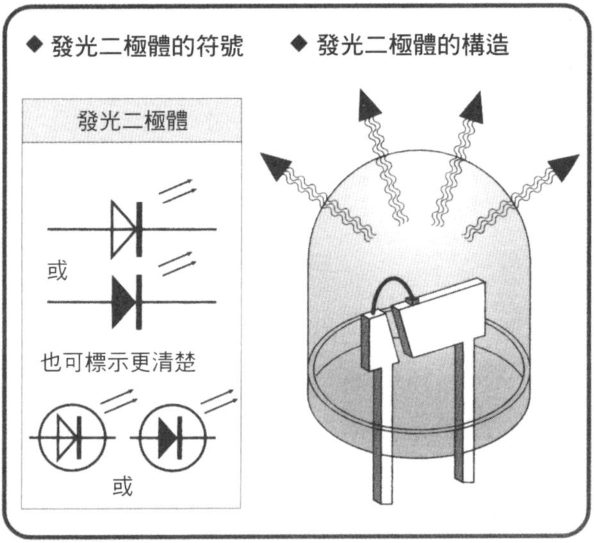

12 閘流體

二極體是將p型與n型的半導體結合在一起，但是，如果將兩種半導體交錯重疊四層，這種元件則稱為閘流體（矽控制整流元件）。

閘流體的結構，如下圖所示，p型與n型的部分共有四個，共計有三個pn接面端子，稱為「四層三極」。閘流體的三個端子。分別為A、K、G，稱為陽極、陰極、閘極。閘流體和二極體一樣可以控制順向電流的通電，因此可作為開關元件，廣泛使用於電子鍋等家電用品之中。

◆ 三端子閘流體的結構與符號

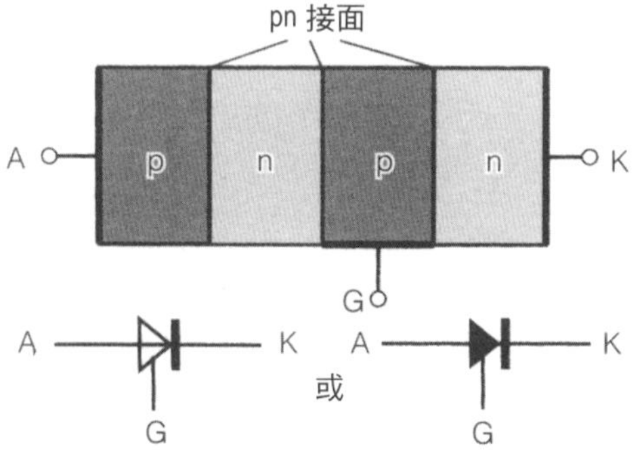

閘流體的電子狀態，有逆阻止狀態、開狀態、關狀態三種，利用這三種狀態可進而控制電流。

首先，所謂的逆阻止狀態是指在陰極通正電，在陽極通上負電。a與c的pn接面為逆偏壓，電流狀態成為不通。

接著是開狀態，則是在陽極通正電，在陽極通負電。此時，a與c的pn接面為正偏壓，但是b的pn

結合為逆偏壓，此時若閘極相對於陰極的電壓是0或是負的，則電流不通。

而開狀態則是，對關閉狀態之閘流體

的閘極加上正電壓，則電洞會從p1流向n1，而n1的電子則流向p1並累積在n2。而且這些電子會由n2流入p2，同時，電洞由p2流入n2再流入p1。

由於此種循環可不斷重複，閘流體成為良好的傳導體。

◆ 閘流體的三種狀態

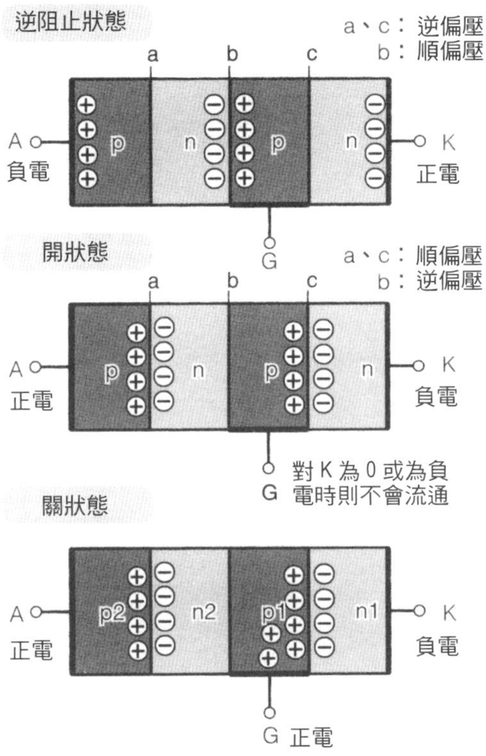

電容器

電容器又稱為蓄電器，是一種儲存電能的元件，廣泛用於電路之中。

電容器的結構，是將兩個導體板夾住各種誘電體而形成。

舉例來說，下圖的電容器，使用的就是兩枚錫箔與兩枚誘電體以夾心狀態重疊，捲成圓形再裝上電極。

將直流電通入電容器，則錫箔的部分會儲存電荷，儲存至飽和之後則電不再流動。可是，若使電容器通交流電，則電荷會儲存，並且再度流動；於是開始週期性的循環。

此種現象，與電容器之特性的容量電抗（符號是Xc，單位是Ω）有關。其所根據的詳盡計算公式在此略而不提，但是，容量電抗與周波數的關係則以次頁所列公式成立（公式中的f為周波數，C是電容器的靜電容量）。

◆ 紙電容器的構造

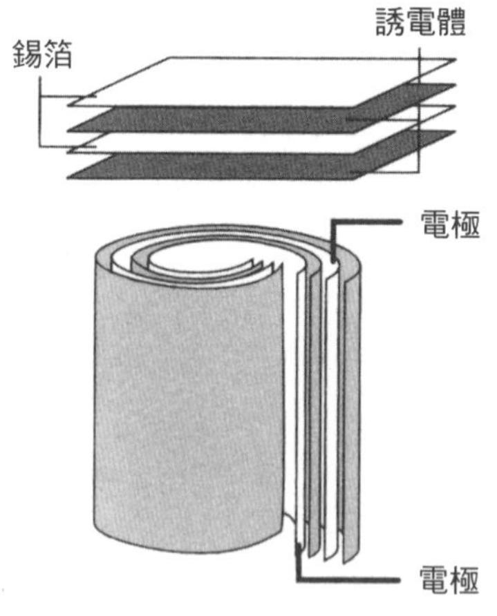

換言之，周波數為0的直流電，Xc為無限大，周波數大而為交流電，Xc則為接

$$X_C = \frac{1}{2\pi f C}$$

近0。結果，電容器使周波數高的交流電容易通過，周波數低的交流電不易通過，至於直流電則因為電阻無限大，因此完全不流通。

電容器的種類，因結構與材質之不同而有陶瓷電容器，苯乙烯電容器、鉭電容器、聚酯樹脂電容器、電解電容器（化學電容器）、積層薄膜電容器等等。此外，還有可以改變電容器容量的可變電容器。

電容器的用途，是利用只流通高頻電流，不流通低頻與直流電的特性，運用於濾波器、直流阻斷、高頻偏流，也使用於共振迴路、相位調整以及能量儲存。

另外表示電容器容量的單位則是F（法拉），是英國化學家法拉第的名字。電容器符號則如左圖所示。

◆ 各種電容器的符號

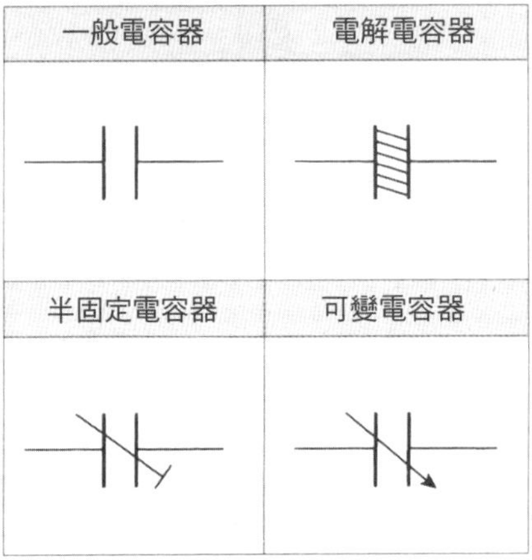

14

線圈

線圈就是將導線以螺旋狀捲起。線圈通上電流之後，線圈的兩端會產生磁極。在線圈的中間加入鐵釘或是鐵心，就會成為電磁鐵。

線圈通電可以清楚看見磁場的產生，其實一般導體流通電流，周圍必然有磁場發生。這是丹麥物理學家艾爾斯特發現的現象。

在裝有鐵心的線圈，流通電流，可以製作電磁鐵，反過來在線圈內放入磁石並加以轉動，則可以發電，這種電稱為感應電動勢。腳踏車車燈的發電器，就是轉動線圈中的磁石而產生電流。

這種磁力與電力的關係，因為是英國物理學家法拉第發現的，所以稱為法拉第的電磁感應定律。

若給予線圈激烈的電流變化，就會產生極大的感應電動勢。又稱為自感應作用，會發生激烈的脈動狀電壓，造成電路損傷。

此種自感應作用可以電感係數來表示，線圈就是擁有電感係數之迴路元件的代表。

◆ 線圈的符號

15 穩流器

前面在說明日光燈結構時曾經提到，要點亮日光燈，啟動器和穩流器都是必要的（下圖a）。

穩流器可以產生燈管開始放電時所需要的高電壓，並且可以限制放電電流為固定值，以「穩定」為使用目的。

穩流器的結構，與前面所說明的一樣，其中放入了線圈與鐵心（下圖b），符號則是在線圈上方畫一條橫線。這條橫線表示的是鐵心。

◆ 穩流器的符號

穩流器

◆ 日光燈使用的穩流器

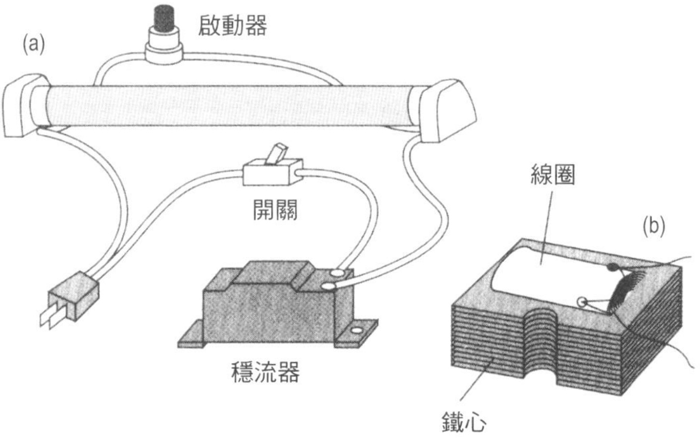

16 變壓器

變壓器也是一種使用線圈的元件。變壓器運用的也是法拉第所發現的電磁感應定律，如圖所示，兩個線圈C_1、C_2各自獨立，此時將直流電源連接到C_1開關進行on/off（開關），C_2就會產生電壓。

這就是法拉第電磁感應定律所稱的「互相感應」原理。但是，只有在進行on/off切換時才會使C_2產生電壓，也就是電壓只在電流出現激烈變化的時候。

既然如此，若是C_1流通交流電又會如何呢？交流電是會隨著時間的經過，出現正負交替變化的電流，因此可以得到與直流電 on/off 同樣的電流連續變化。這就是變壓器的原理，C_1與C_2的電壓比，與C_1、C_2之線圈的圈數成正比。

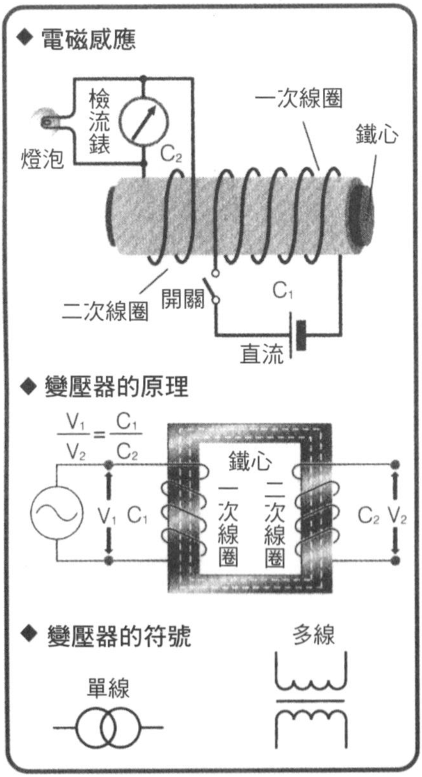

17 保險絲

家中若使用超過規定安培數的電時，配電盤的安培斷路器（斷路器）會自動切斷，不再流通電流。

保險絲和斷路器一樣，當電流過大時，保險絲溫度會升高，若超過一定溫度，具有自動熔解以遮斷電路的功能。事實上，過去經常使用保險絲來取代斷路器的作用。

保險絲可以防止大量電流流通所引起的爆炸或是火災，材料是以鉛錫合金製成。

雖然如今已經不再使用保險絲於配電盤中，但是，保險絲依然使用於電製品的各個地方。舉例來說，如果拆開從前錄放影機的外殼，可發現裡面有一個圓筒狀的殼，裡面即裝有細金屬絲的保險絲。

這種玻璃圓筒狀的保險絲，稱為線保險絲。相對於此，將金屬暴露出來的稱為開放型保險絲，另外還有板狀保險絲。

汽車所使用的保險絲與一般電器所使用的形狀並不相同，屬於開放型。

◆ 各種保險絲

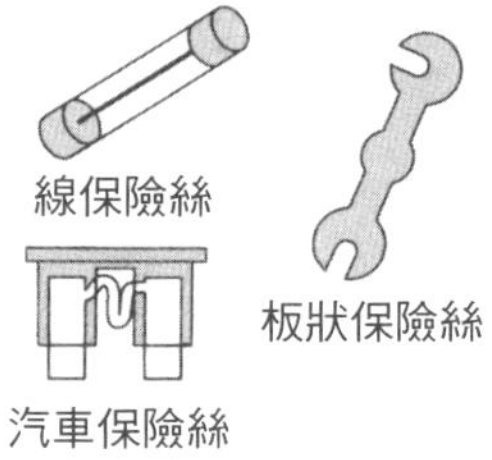

◆ 保險絲的符號

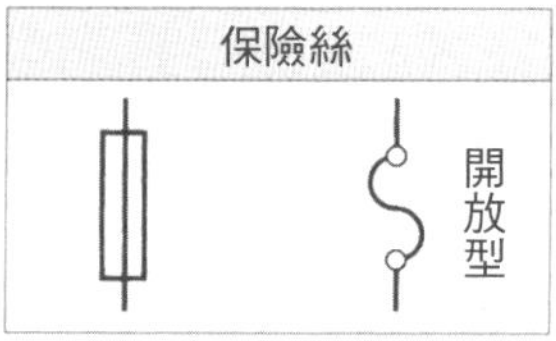

各種開關

開關在我們的日常生活中隨處可見。如家庭中各種電器的開關，牆壁上的日光燈開關等。

開關除了控制電流的流通與否，更可改變電流流通的狀態。

主要常見的開關，首先是下圖a使用的單線開關，也是最普通的開關。圖b可用於同時開閉複線的開關，工廠配電盤所使用的即是此種類型。

圖c的按鈕開關只要按住按鈕就可以流通電流，電鈴所使用的就是此種類型。圖d則是用於切換電流的開關，常使用於音響或電吉他等樂器。

開關的簡圖與符號則如下圖所示。

◆ 各種開關的符號

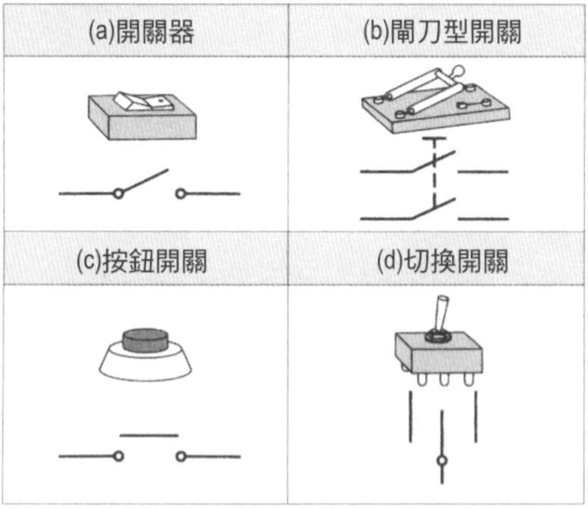

19

電鈴

在利用磁鐵製作的電器裝置中，最常見的是電鈴。

電鈴的結構如圖所示，按下電鈴時，電流會流通電路一周，這個時候，加入鐵心的線圈會成為電磁鐵，圖中的鐵片會被磁力所吸引而靠近線圈。

但鐵片靠近線圈，會造成電流立刻中斷，因此磁力消失，鐵片由於彈性而恢復原狀。

這就是電鈴發聲的一個循環，由於鐵片不斷敲打鐵心，因此電鈴會發出獨特的聲音。

◆電鈴的結構與符號

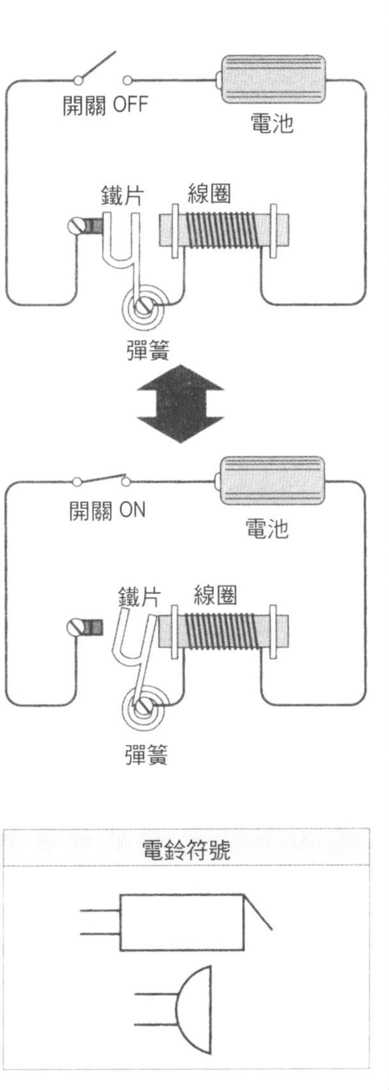

第 3 章

三用電錶的使用與家電用品的電路

1 三用電錶的作用

前面第2章說明的是電路的零件，本章說明的重點則轉向各種電路的應用。

首先我們要介紹檢查、測試電器零件與電路所使用的「三用電錶」。

如下圖所示，三用電錶上有各種詳細的刻度，上面裝有轉動開關，其作用包括下面四種：

①交流電壓的測定

②直流電壓的測定

③電阻值的測定，斷線的判定

④直流電的淚定

電氣設備的檢查多半使用的是第一個功能，而電器的檢查則多半使用的是第三個功能。

◆ 三用電錶的外觀

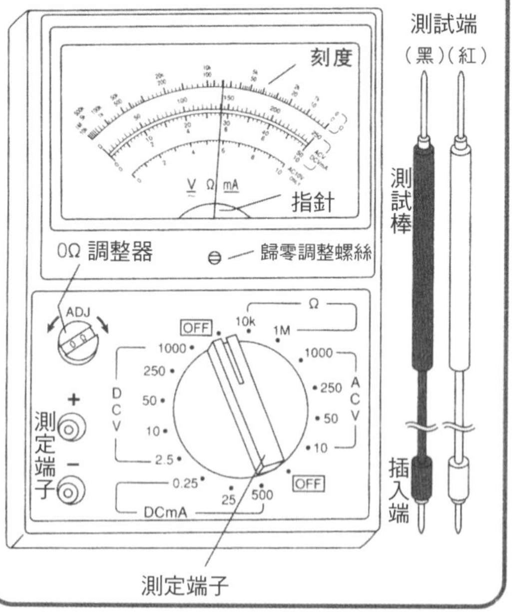

2 三用電錶刻度的讀法

使用三用電錶測定電壓與電阻時，圖例中

的指針會指到ㄅ的位子，然後讀取它的值。

首先，先看最上面的刻度，這是表示電阻的刻度。依三用電錶的旋轉開關的設定，可讀取的電阻值有一〇k和一M兩種範圍，圖例中使用的是一〇k，指針在二〇〇Ω與三〇〇Ω之間，因此讀取值為二五〇Ω。

◆三用電錶刻度的讀法

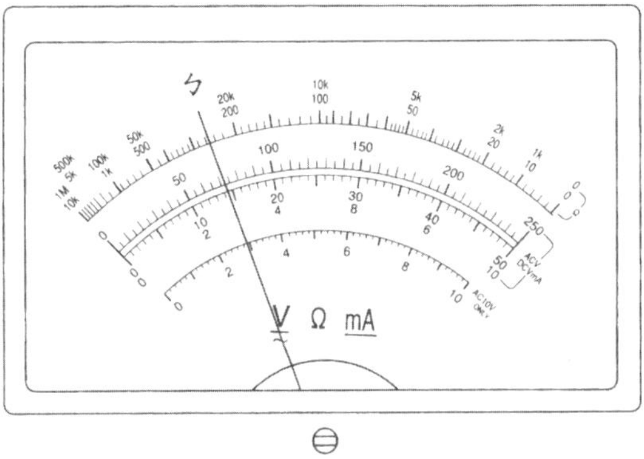

中間的刻度，表示直流（DC）與交流（AC）的電壓，以及直流電流的值。

例如，旋轉開關若設為直流的二・五V，則滿刻度的二五〇讀為二・五。指針因為超過了七〇，因此可讀為〇・七二V。

此外，旋轉開關轉為交流二五〇V，此時則不需要改變數值的讀取，直接讀為七二V。

最底下的刻度，則表示交流〇～一〇V的電壓。

3 交、直流電壓測試的方法

這裡所要說明的是如何實際測試直流電壓與交流電壓的方法。

首先，可以輸出直流電壓的，以乾電池最為普遍。隨身攜帶電器使用的乾電池，其目視電壓規格為一・五V。我們要實際的測試，看是否真的是一・五。

首先，將旋轉開關對準DC二・五V的量程，如下圖所示，乾電池的陽極對上紅色，陰極對上黑色測試棒，指針應該指向一五〇左右。這表示一・五V的意思，因為二五〇要讀為二・五。量測乾電池時，是因為預先知道是一・五V，所以使用DC二・五的量程，如果是不知道電壓大小，應從大的量程開始，逐次調降到容易讀取的量程。

◆ **直流電壓的測量方法**

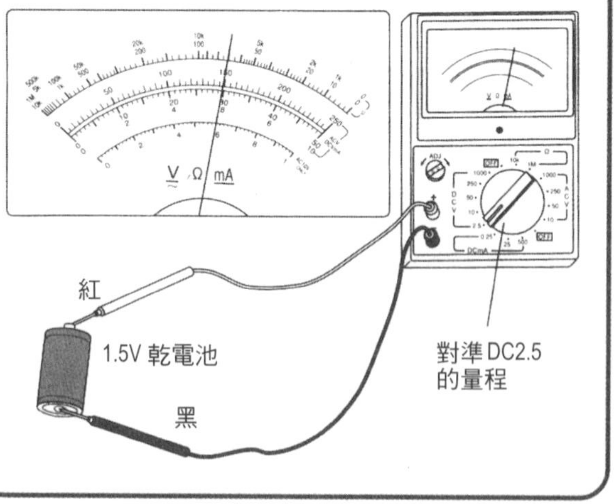

此外，我們最常接觸的交流電源，是一般家庭中的插座。水力或是火力發電廠所產生的電，經由變電所轉為高壓電後，藉著電線杆上的變壓器最後將電壓降為一一〇V，配送於一般家庭。

這些交流電是否真的是一一〇V呢？也可以實際拿三用電錶測試。

首先，如下圖將旋轉開關對準AC二五〇V的量程，並將兩根測試棒插入插座。此時要小心的避免誤觸測試棒。以這種模型測試，指針應在一一〇V左右。

和量乾電池的電壓時一樣，因為預知電壓為一一〇V，因此使用AC二五〇的量程，但是，如果是在不了解電壓的情況下，應該從最大量程開始，並依序降低。

此外，注意勿將AC與DC弄反，以免造成三用電錶損壞。

◆ 交流電壓的測量方法

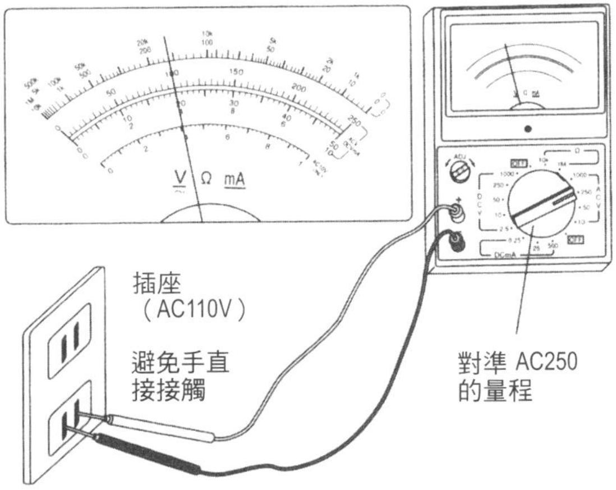

4 直流電流的測試方式

三用電錶雖可以測定直流、交流電的電壓，對直流電只能測試直流電的電流值。現在要測試圖中的燈泡與電池間的電流值。

首先，將三用電錶的旋轉開關，對準適當的量程。旋轉開關有〇・二五、二五、五〇〇mA三種量程，可是，因為不知電流值是多少，因此對準最高的五〇〇mA。

接著，在電池的陽極接上紅色、陰極接上黑色的測試棒，並如圖示將迴路串連。如此，三用電錶的指針就會開始擺動，指向某一個數值。

圖示中指的是三一。由於五〇〇mA量程的情況是要將五〇讀為五〇〇mA，因此指針所指的三一應讀為三一〇mA。

◆直流電流的測量方法

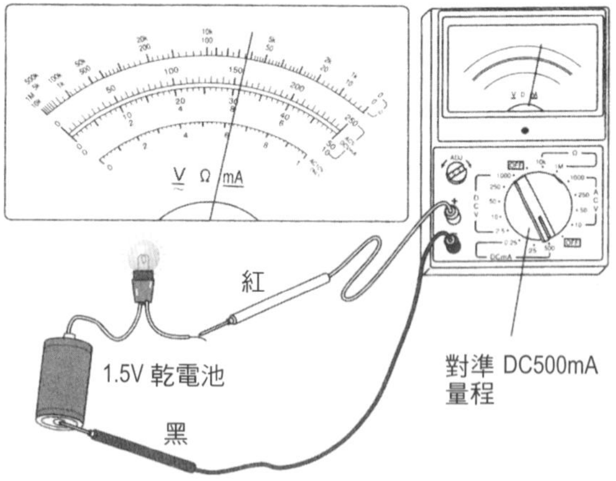

5 三用電錶的歸零調整

前面兩節說明了電壓與電流的量測，三用電錶也可以進行電阻（Ω）的測量。何謂電阻？已在本書二六頁說明過，簡單的說就是讓電無法順利流通的性質。因此，電阻越大，電越不容易流動。

至於電阻值的測量方法很簡單，只要在欲測量之金屬或電阻兩端接上測試棒即可。

但是，在測量電阻值之前，必須先進行歸零調整。歸零調整的方法，則如下圖所示，將兩枝測試棒相互接觸指針向右擺動之時，轉動歸零調整旋鈕，讓指針正確的指向〇Ω。若不如此，則無法測得正確的電阻值。

◆ **歸零調整的方法**

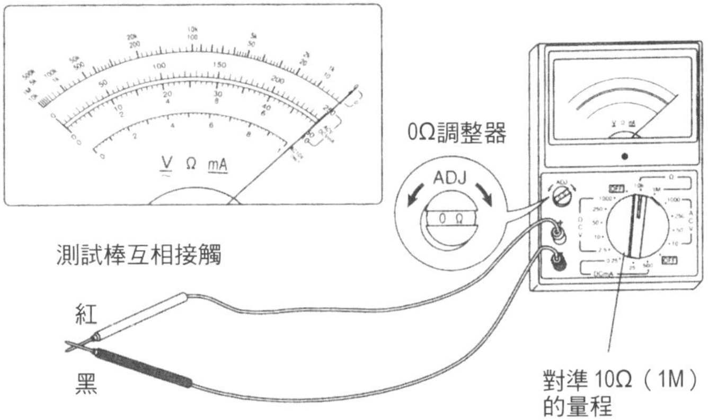

6 電阻值的實際測量

完成三用電錶的歸零調整後，接著要開始實際進行測量電阻值。

以焊槍的電阻值測試為例。焊槍是用來將電阻器或電容器焊接於基板上的，內部裝有電熱線，可以發出高熱熔解焊錫。事實上，電熱線之所以會發出高熱，是因為電熱線本身的電阻。

電阻的測定，如下圖所示，在焊槍的插頭部分以測試棒接觸。從圖中可以知道，旋轉開關對準的是一〇kΩ，焊槍的電阻值指向的是二五〇Ω。

因此，測量的方法是十分簡單的。另外，測量自己身邊物品的電阻值，也是一件很有趣的事。

◆ **測量焊槍的電阻值**

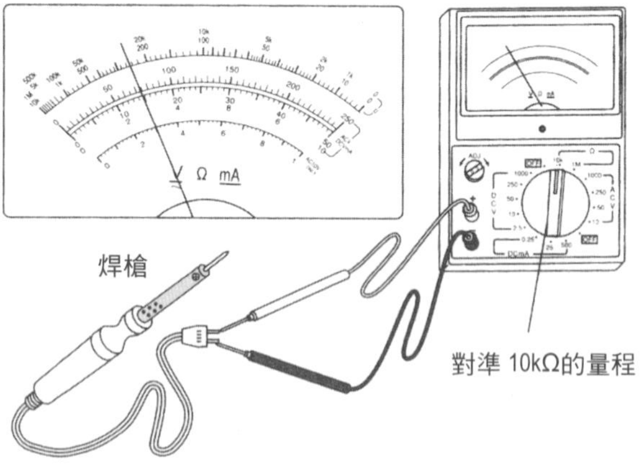

7 簡單的電路①

接下來要實際的觀察電路。首先考慮一個電源（交流直流都可）點亮一個燈泡的迴路。

最簡單的方法就是下圖a，將燈泡直接連接於直流電源或是交流電源。可是，如果要開關燈源，就只好把插頭拉開或是把導線拔開。

因此，通常還會如圖b或c所示，再加上開關。上圖所示的是實體圖，下圖則是依實體圖而畫的電路圖。

此外，圖c使用的是交流電源，因此，圖中的插頭可以用交流電源符號代替。

◆一個電源點亮一個燈泡

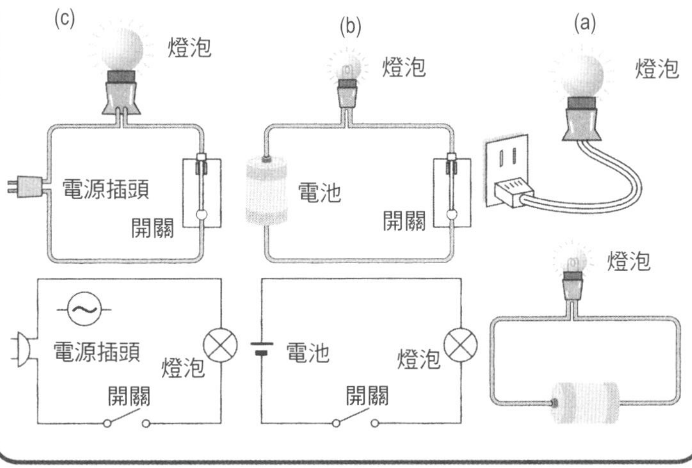

8 簡單的電路②

本節是要看看同時或是分別點亮兩個燈泡的狀況。

首先，一個開關同時點亮兩個燈泡的迴路。如左圖所示，在前圖再追加一個燈泡即可。

接著，如果要交互點亮兩個燈泡，必須如何呢？答案就是如左圖一般的迴路就可以簡單做到。利用切換開關控制電流的流向。

◆ 點亮兩個燈源的其中之一

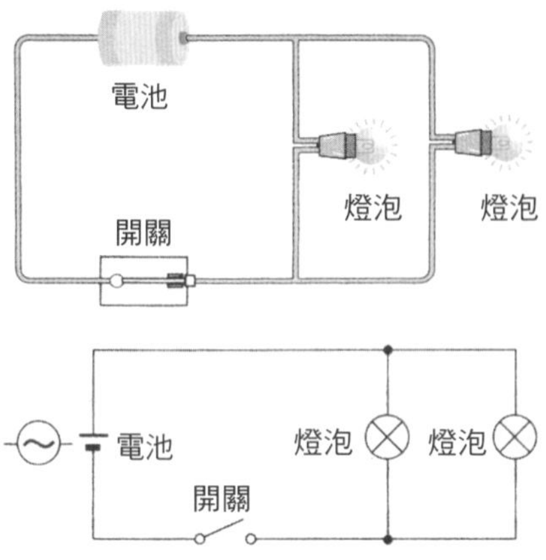

◆ 交互點亮兩個燈源

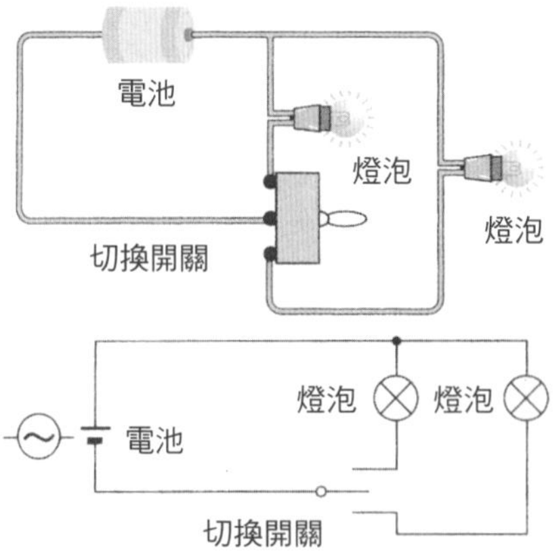

汽車車燈所使用的就是這種方法，以一個切換開關、點亮數個燈。

如果要分別獨立點亮兩個燈泡，就要如同下圖，一個燈泡裝一個開關。

這種情況與一般家庭使用的照明相同。換言之，準備和房間燈泡數目相同的開關與電源，就可以獨立點燈。

◆ 分別點亮兩個燈泡

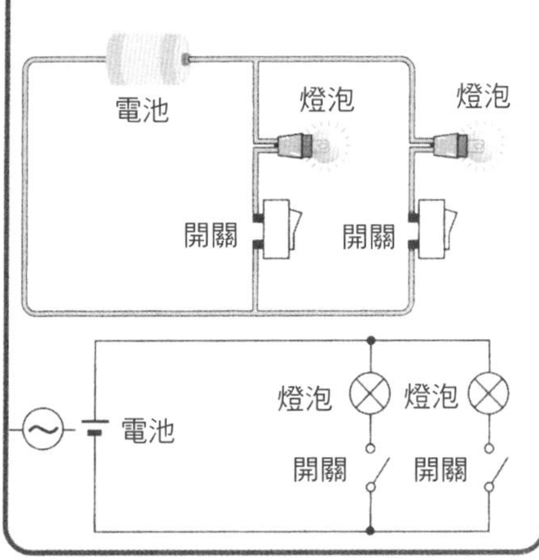

9 簡單的電路③

家中經常見到的一種開關，就是在樓下打開開關開燈，上樓後再關閉開關關燈。

真是令人覺得有些不可思議。

可是，稍微想一想，就可以知道這是利用簡單迴路就可達成的便利開關。

換言之，下圖中「切換開關下」接到b點可打開電流點燈，上樓之後，再利用「切換開關上」切到c點，便可以關掉電燈。以簡單的電路實現方便的機能，這也是電路有趣的地方。

此外，這裡所介紹的迴路，稱為「三路開關」。

◆ 兩個開關控制一個燈泡

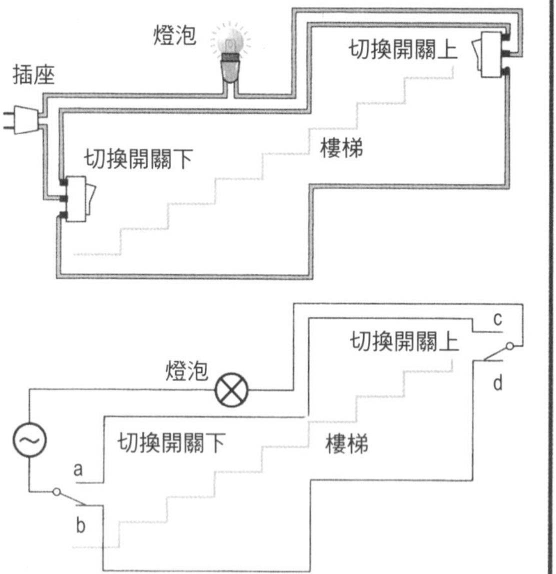

10

電爐的結構與迴路

▼電爐是將電能轉換成熱能，用以煮沸開水或是煮飯菜的電器。

將電能轉換成熱能的原理，前面已經稍稍提過，也就是電熱線（鎳鉻線或是鐵鉻線）流通電流時，會因為電熱線的電阻而產生焦耳熱。

焦耳熱是電力輸送之際耗損的主因，因此通常是被排斥的，但是，相同的現象，卻可以因為使用方式的不同而有極佳的效果。

電爐的結構、實體迴路圖（迴路圖）如下圖所示。電熱線的符號與電阻一樣，這是因為發熱是由於電熱線的電阻所造成。

◆ 電爐的結構與電路圖

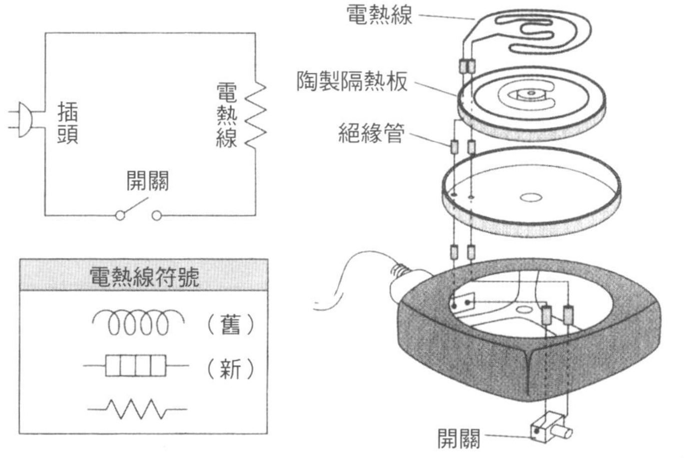

11 電熨斗的結構與電路

電熨斗與電爐都是利用電熱線發熱，

但兩者還可以進行溫度調節。

溫溫度過高時，開關就會自動切斷。擔任此種開關的是稱為雙金屬（by-metal）的元件。

雙金屬是利用加熱容易伸展以及加熱不易伸展的兩種金屬貼合製成的。因為是兩種金屬貼合而成，因此稱為雙金屬。

熨斗溫度上升時，雙金屬會如次頁之圖1的虛線所示向下彎曲，使接點分開電流不通。因此，流入電熱線的電被切掉，溫度下降。

溫度下降的雙金屬，會漸漸的回到原位使接點再度接觸，因此電熱線再度流通電流，達到調節溫度的作用。

使用雙金屬的電熨斗的結構與電路圖，則參照次頁的圖2、圖3。

但是，新的電熨斗，已開始使用微電腦控制、模糊（fuzzy）控制，已經不再使用雙金屬了。

◆ 圖 1　雙金屬元件的結構

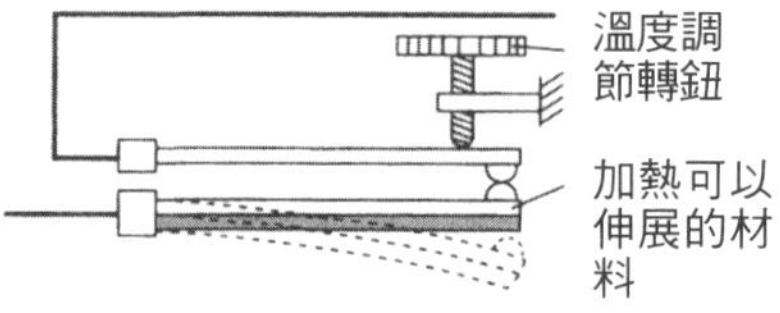

◆ 圖 3　電熨斗的迴路圖

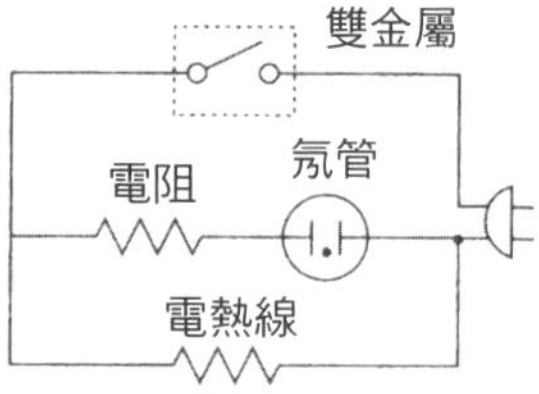

◆ 圖 2　電熨斗的結構與電路圖

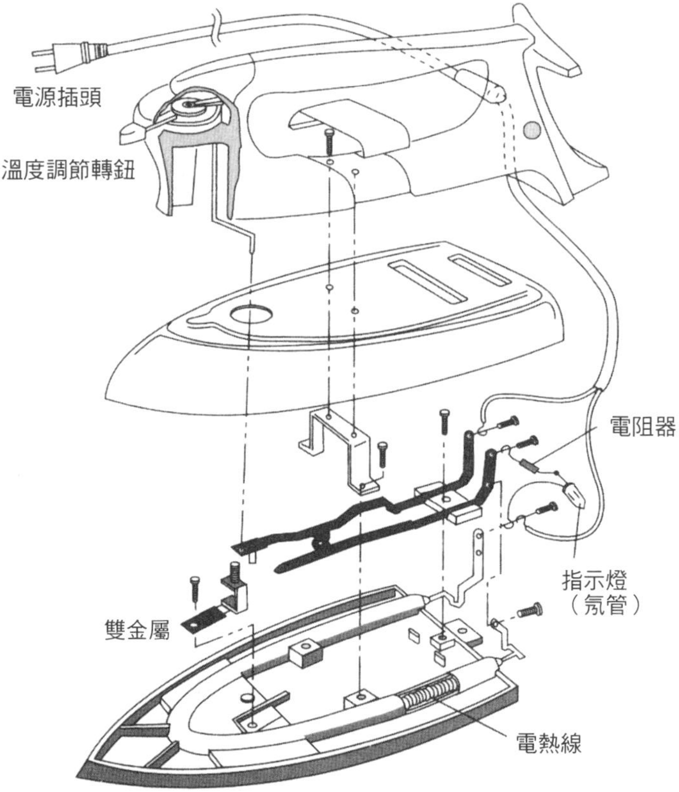

12 電被爐的結構與電路

提到日本的被爐，過去日本人是在床底下挖洞，放入炭火和煤炭取暖，因為燃料不完全燃燒，經常引起一氧化碳中毒的意外事故；現在，日本多半使用電器來取代。

早期的電發熱體，多半是使用和電爐相同的鎳鉻線等電熱線，最近則開始使用會放出紅外線的燈管（參照下圖）。這是考慮安全性的結構。

至於有關電被爐的結構，與前項的電熨斗一樣，裝有雙金屬的溫度調節器。此外，因為蓋著棉被使用的關係，容易因為開關忘記關掉而有火災的危險。因此，除了裝有雙金屬的溫度調節器，還另裝有溫度保險絲。

這種溫度保險絲，只要達到保險絲設定值以上的溫度就會熔化，終止電的流動。用於一般配線的保險絲會因為電流的過度流通而熔解，但是溫度保險絲則是單純的因為溫度而熔解，性質有所不同。

為了提供參考，將溫度保險絲的顏色、熔解的溫度表，介紹於次頁。

◆可發出紅外線的被爐用燈管

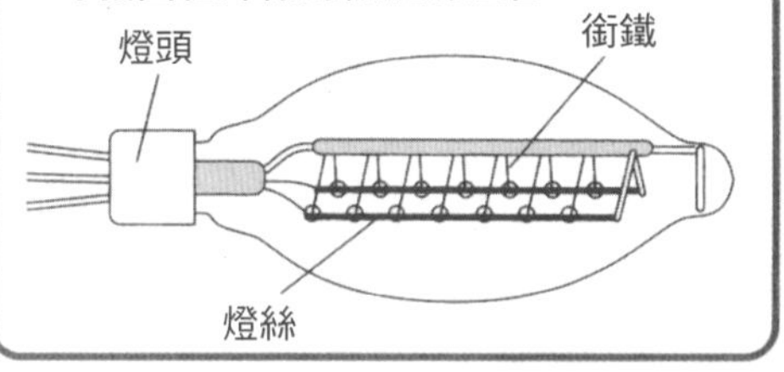

◆ **電被爐的恆溫器與溫度保險絲**

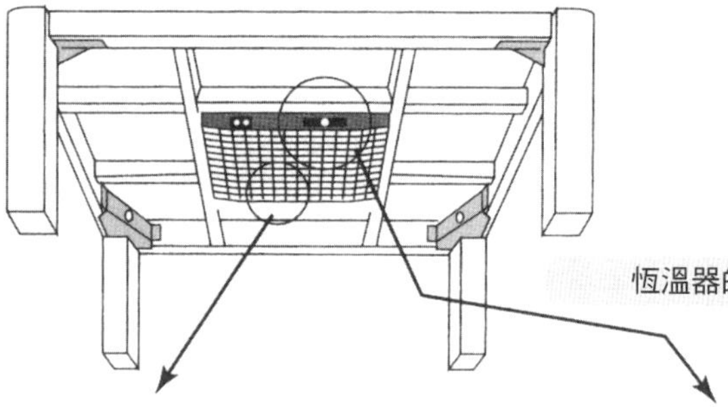
恆溫器的結構

溫度保險絲的外觀與熔解溫度

表示例　250V, 10A, 100℃

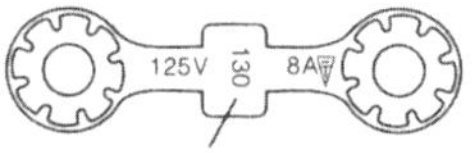

熔解溫度的顏色表示

顏色	熔解溫度
銀	110℃
紅	120℃
綠	130℃
青	170℃

電被爐的電路圖

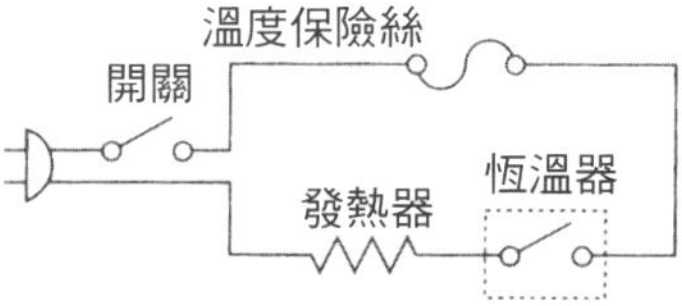

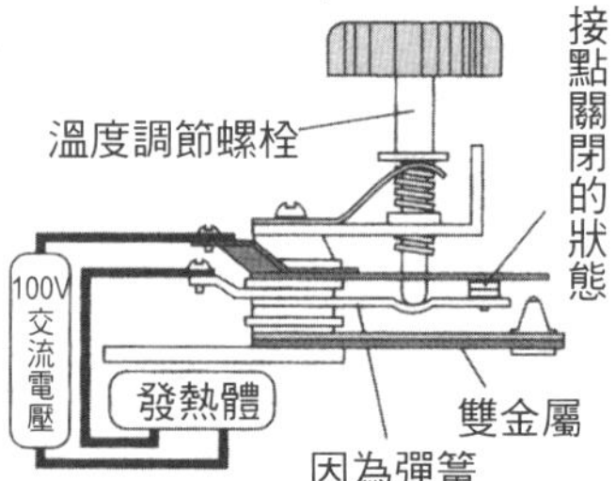
因為彈簧作用而向上彎曲

接點打開的狀態

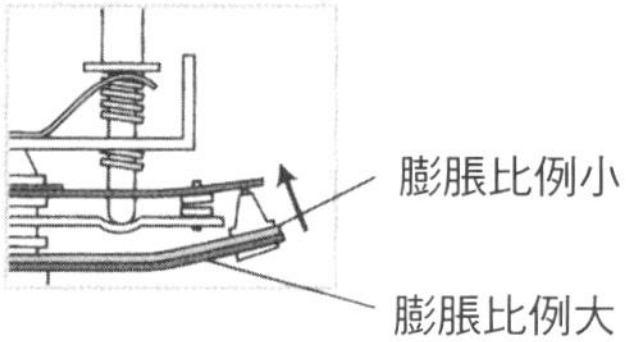

溫度升高，雙金屬朝向箭頭的方向彎曲變形，溫度降低則又復原。

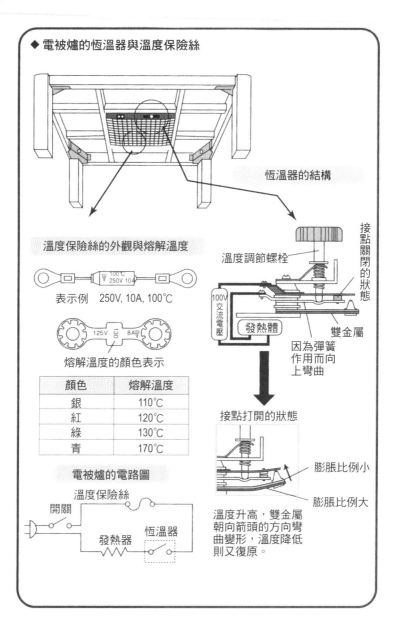

電子鍋的結構與電路

▼同時具有煮飯與保溫功能的電器就是電鍋或電子鍋。

古早經常用瓦斯爐煮飯，然後移入保溫器保溫；現在，則被同時兼具兩種功能的電鍋或電子鍋所取代。

打開電子鍋的開關，會點亮煮飯用的指示燈，煮飯用的加熱器就會流通電流開始煮飯。當然，要保溫就不可以繼續的煮飯，因此溫度調節器就會切掉煮飯用的加熱器。

這種溫度調節的開關，就是下圖的感溫開關。這種開關利用的是磁鐵達到某種溫度就會消失磁力的性質。煮飯結束之後，保溫加熱器就會開始動作。電子鍋的結構與基本迴路（電路），則參照次頁的圖。

最近的電子鍋功能完備許多，能設定記憶煮飯的火候，並利用微電腦控制，或者採用被評定為接近爐灶煮出來的美味的IH式，以煮出香噴噴的米飯。

所謂的IH，就是Induction Heating的簡稱，也就是感應加熱之意。原理其實

◆ 感應開關的原理

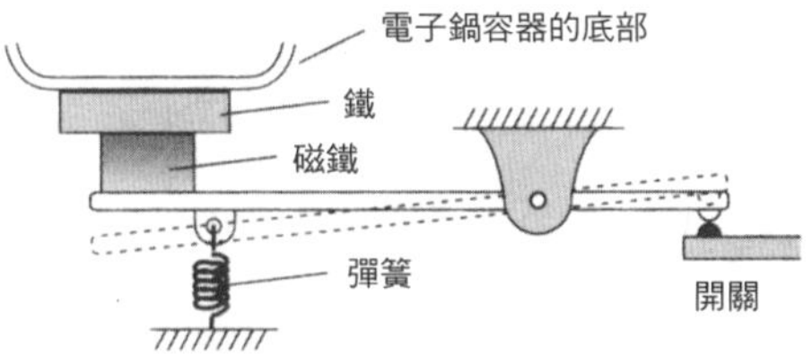

很簡單，將線圈產生的磁力線通至電子鍋的內鍋，就會產生渦電流，藉著內鍋的電阻，電流變成熱能使內鍋發熱。

◆電子鍋的結構

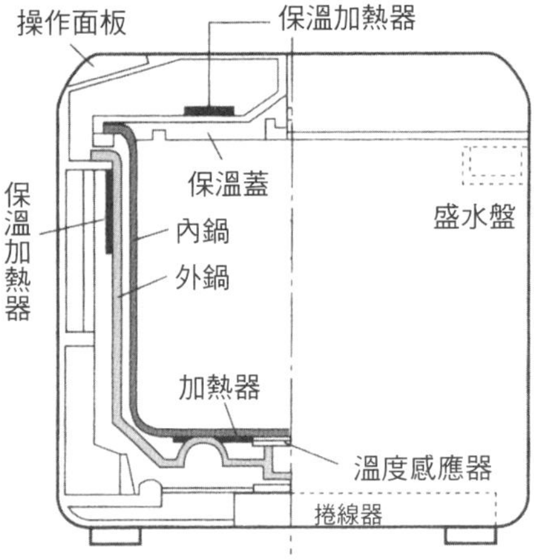

◆電子鍋的基本電路

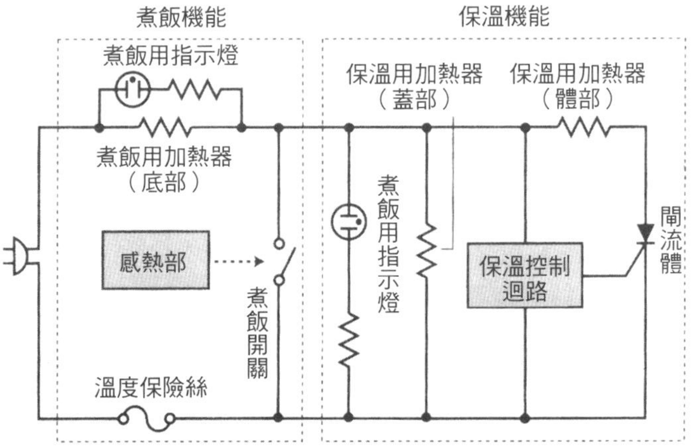

14 日光燈的結構與電路

前面曾經簡單的提過日光燈的結構，這裡再作詳盡的說明。日光燈有直形燈管與環形燈管兩種，形狀不同但結構相同，由穩定器、開關、輝光燈、電容器所構成。

首先是穩流器，可以產生日光燈放電時所需要的高壓電，且具有穩定電流的作用。

輝光燈的電極是由兩種金屬貼合的雙金屬，擔任日光燈放電時開關的作用。

此外，裝置於輝光燈下方的電容器，則是為了吸收日光燈產生的干擾電波。

打開日光燈的開關，輝光燈會引起放電，因為高溫而造成雙金屬的彎曲使燈管流通電流。此時燈絲被加熱，使燈管中的水銀汽化。

◆環形燈管的結構與電路

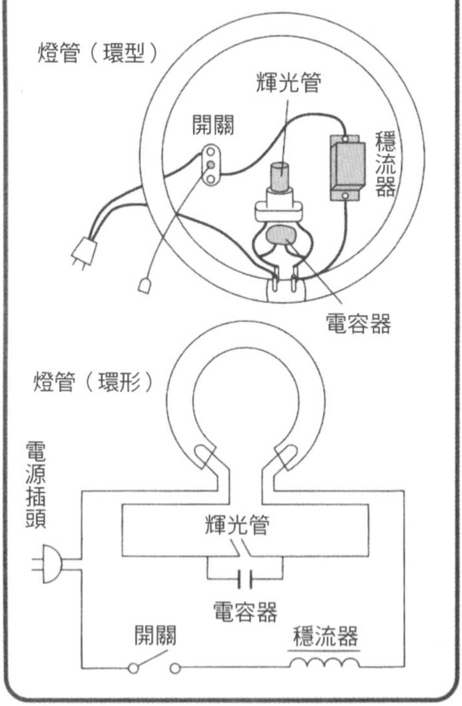

電流順利流通之後雙金屬會因為冷卻而恢復原狀以遮斷電流。此時，穩壓器的線圈會產生數百伏特的高壓電，在兩端的燈絲之間放電。

前述放電而產生的電子與汽化的水銀原子發生碰撞而產生紫外線，紫外線撞擊燈管內壁的螢光物質而發出螢光。雖然日光燈的零件很少，但是發光的過程卻相當複雜。

◆ 直形日光燈的結構與電路

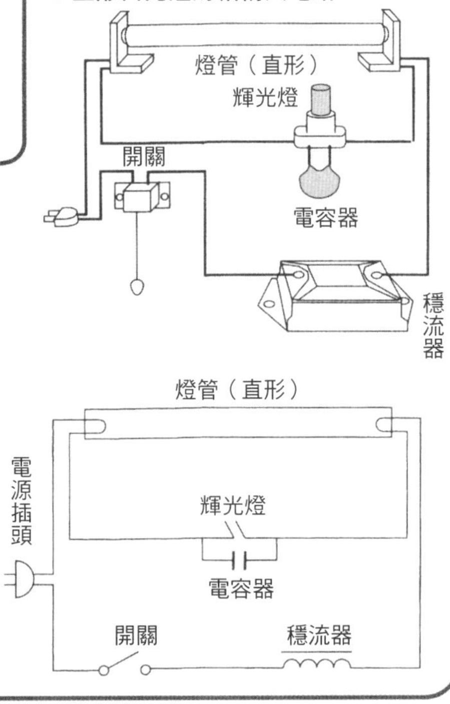

◆ 輝光燈與電容器的符號

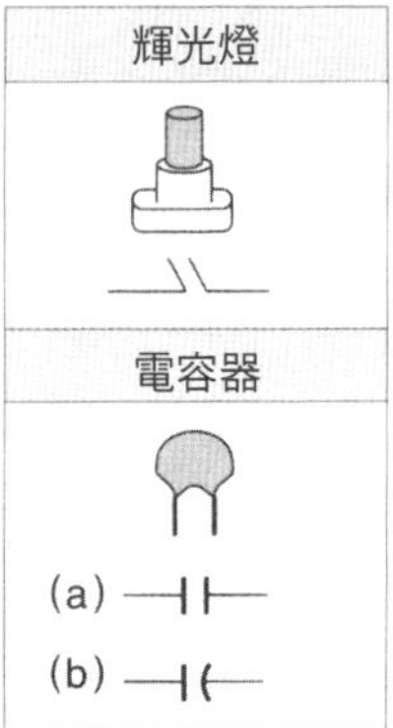

15 馬達的結構

洗衣機、抽風機、電風扇都必須使用馬達（電動機）。馬達可以將電能轉為機械能。接下來，我們要看看抽風機等家電用品所使用之馬達的轉動結構與電路。

使用於抽風機的馬達，是家庭最常見的馬達，稱為感應馬達。

◆ 阿拉古的圓板

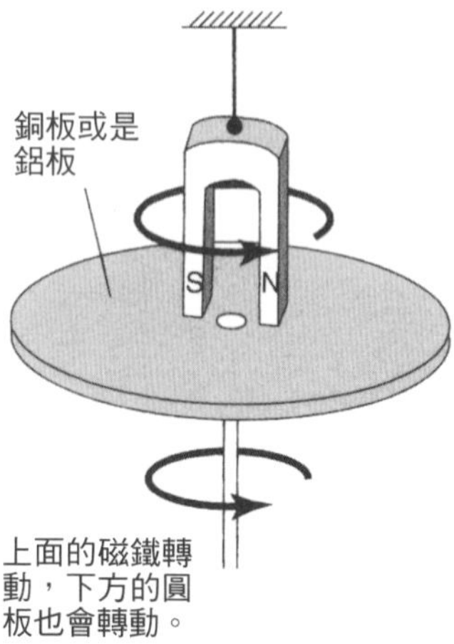
銅板或是
鋁板
S
N
上面的磁鐵轉動，下方的圓板也會轉動。

馬達轉動的原理如上圖所示的阿拉古旋轉板。將線綁在磁鐵的中央水平懸吊，並在下方放置銅或鋁的圓板。只要轉動上方的磁鐵，下方的圓板就會跟著同向轉動。反過來說，如果下方的圓板轉動，止方的磁鐵也會進行同方向轉動。

這種現象稱為阿拉古旋轉板，因為是由法國物理學家阿拉古在一八二四年發現的，所以得名。阿拉古旋轉板就是感應馬達的原型，利用這種阿拉古旋轉板原理的機器，還有一般家庭用的電錶。

接著看看感應馬達轉動的結構。交流電的電壓會隨著時間正、負交替變化。利用這種性質，可以製造旋轉磁極的電磁鐵。

說得具體一點，將主線圈與輔助線圈捲在馬達的兩個定子上，並在輔助線圈裝上使交流電的相位超前九〇度的電容器。以此種方式讓一邊的線圈流通的電流相位前進，就可以做出流暢的旋轉磁場。此外，由於電磁感應之故，馬達中的轉子會隨著磁極轉動的方向轉動。

另外，感應馬達的符號裡的數字，單相交流時（一般家庭的交流電）以1表示，三相交流時則以3表示。

◆撼應馬達的轉動原理

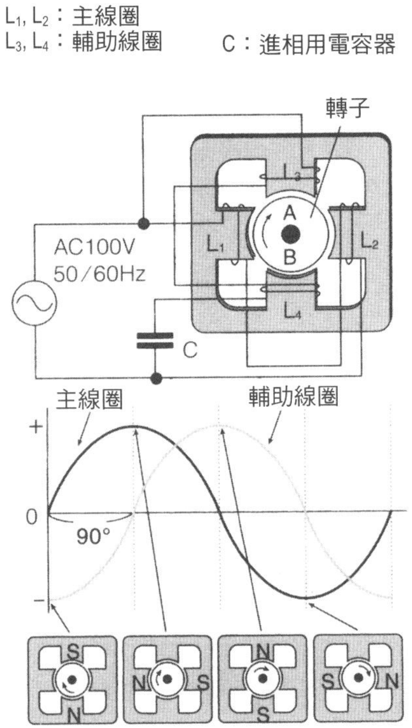

◆感應馬達的符號

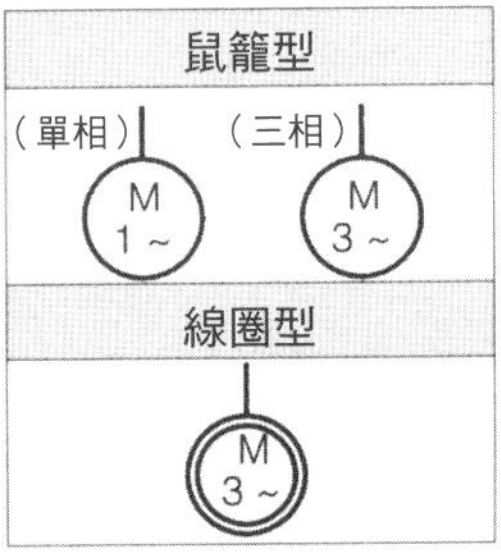

16 電風扇與抽風機的結構與電路

電風扇目前幾乎都被冷氣機所取代，不過每個家庭都還是有一至二台。前項說明的是馬達的結構，這裡則要看一看電扇的結構與迴路。

電扇中所使用的馬達是感應馬達。馬達的線圈分成了主線圈與輔助線圈，輔助線圈則有利用電容器改變相位而流動的交流電。

因此可以形成順暢的旋轉磁場。

左圖是電扇的迴路，其構成的零件非常簡單，有調整風力用的旋轉開關、溫度保險絲以及馬達。

◆ **電風扇的結構與電路圖**

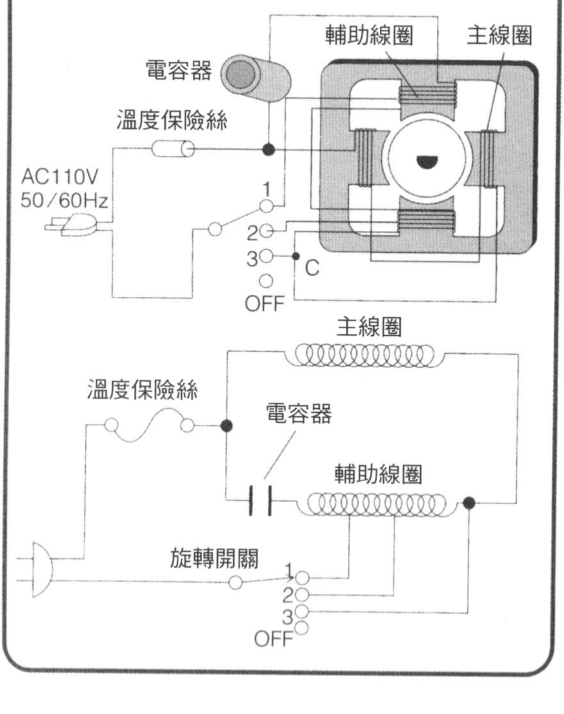

電扇的風力調整，則是利用輔助線圈的磁力進行。換言之，開關（前頁圖）在3的位置時線圈最長，磁力最強，然後依2、1的順序減少磁力與轉動力。

另一方面，抽風機也和電扇一樣簡單，可以逆轉是因為使用的不是一般的感應馬達，而是可以正反轉的可逆轉馬達。

可逆轉馬達也是感應馬達的一種，可是不像一般感應馬達有主線圈與輔助線圈的區別。可逆轉馬達最具代表性的用途就是洗衣機用以產生渦流用的馬達。

在下一個節中，我們要介紹洗衣機的結構與電路。

◆ **抽風機的結構與電路圖**

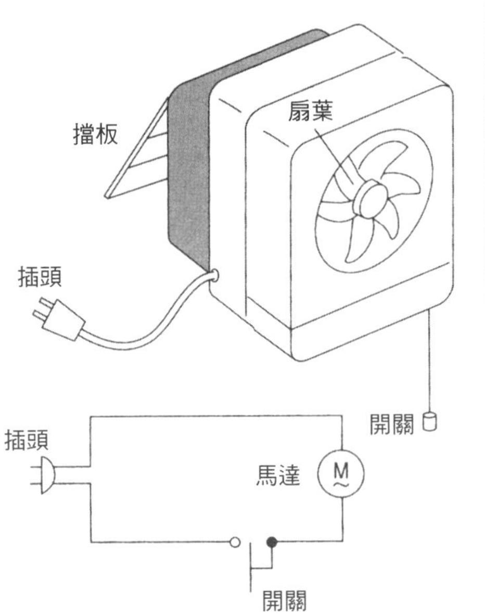

17

洗衣機的結構與電路

如圖所示，洗衣機分成雙槽以及最近流行的單槽全自動洗衣機兩種（下圖1為雙槽）。可是，所使用的馬達都是屬於感應馬達中的可逆轉馬達。下頁的圖2是雙槽洗衣機的電路圖。圖內使用了五個定時開關。

首先是T_1的主開關。T_2是發出洗衣結束之蜂鳴器的開關，T_3則是對a接點接觸七秒，對b接點接觸四秒的開關。因為圖中的水流切換開關為「少量」，因此重複轉動七秒，然後停止四秒的循環動作。如果是定在「柔洗」的位子，則是轉動四秒，然後停止七秒。

T_4開關則是馬達自動反轉的開關，水

◆ 圖1　洗衣機的結構

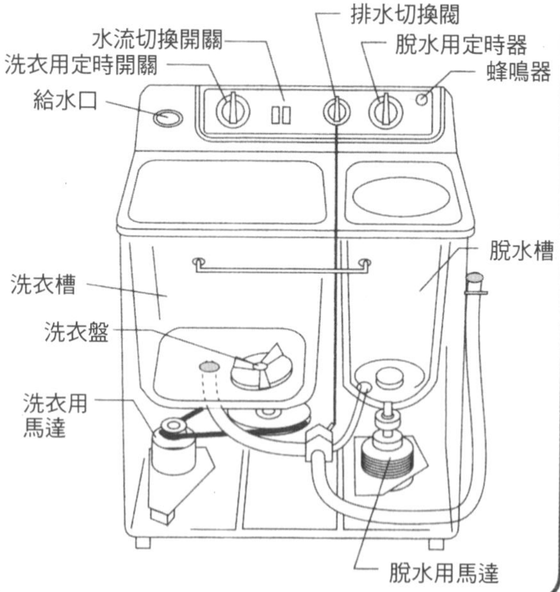

流切換於「標準」時動作。藉著T_4的開關a、b可以交互切換，馬達就會反轉。這

◆圖 2　洗衣機的電路

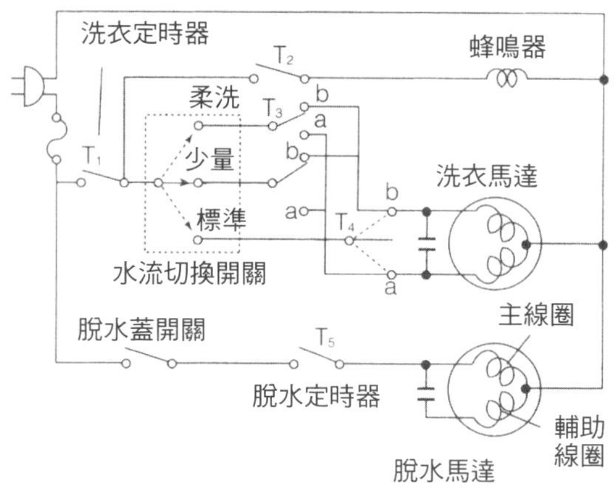

就是可逆轉馬達的結構，左圖的開關接觸接點a，則線圈L_1為輔助線圈，L_2為主線圈，此時順時旋轉。反過來接點為b的時候，線圈L_2為輔助線圈，L_1為主線圈，此時則逆時旋轉。

T_5則為脫水槽用的定時馬達。

◆圖 3　可逆轉馬達

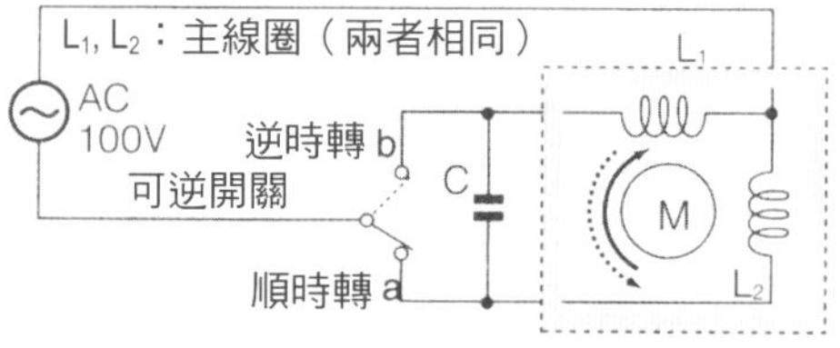

定時開關符號

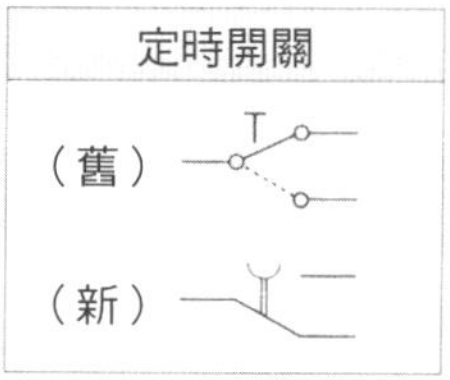

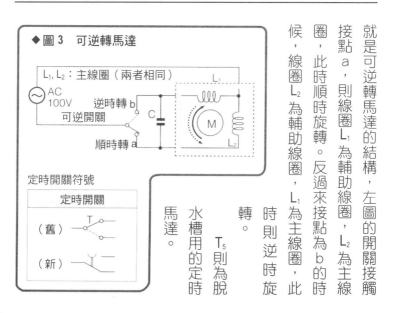

18 冰箱的結構與電路

夏日的炎熱時期，在庭園灑水是外面常見的景象。這是利用水汽化時會從周圍吸收汽化熱而導致溫度下降的原理。其實電冰箱動作的原理也和灑水一樣。

◆ 電冰箱的結構

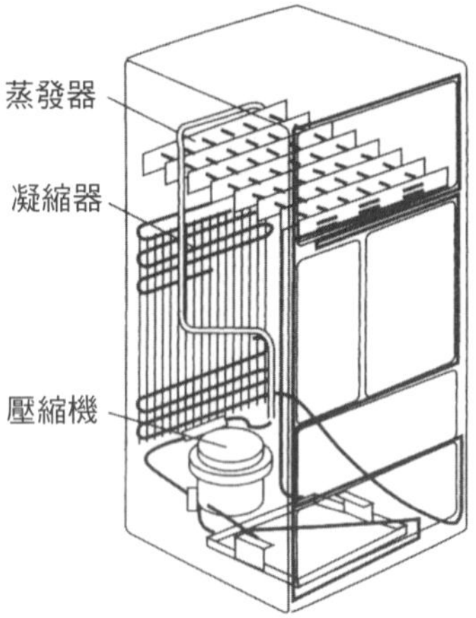

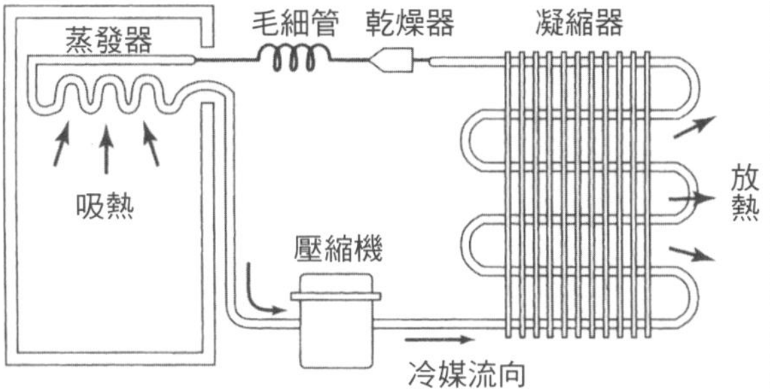

在電冰箱中相當於「水」的，則是比水更容易汽化，只要加上壓力又成為液體，被稱為冷媒的物質。在因為會破壞臭氧層而被迫淘汰之前，所使用的冷媒是氟氯碳化物。可是，現在已經不再使用氟氯碳化物，而改以其他物質代替。

　現在，冰箱的冷卻的結構，首先是壓縮機將冷媒壓縮。接著是被壓縮的高溫冷媒藉冷凝器的散熱而液化。以前冰箱的背面，可以看見冷媒散熱的金屬網線，不過，最近的冰箱已經沒有這種設計，看起來美觀多了。

這種液化的冷媒，會在乾燥器內將含有的少量水分除去，然後引入毛細管中。從毛細管中送至蒸發器的冷媒媒分會因為壓力的急遽下降而在蒸發器內汽化。因此，便會吸收冰箱內的熱。

此動作結束之後，冷媒又再度送至壓縮機，重複上述的循環（參照前頁圖）。

下圖是扇葉式冷凍庫的基本電路。冰箱的門打開之後庫內燈點亮，送風馬達停止，同時壓縮機的馬達也停止。相反的，門關上時庫內燈關閉，送風馬達轉動，壓縮機也流通電流。

◆ **電冰箱的電路圖**

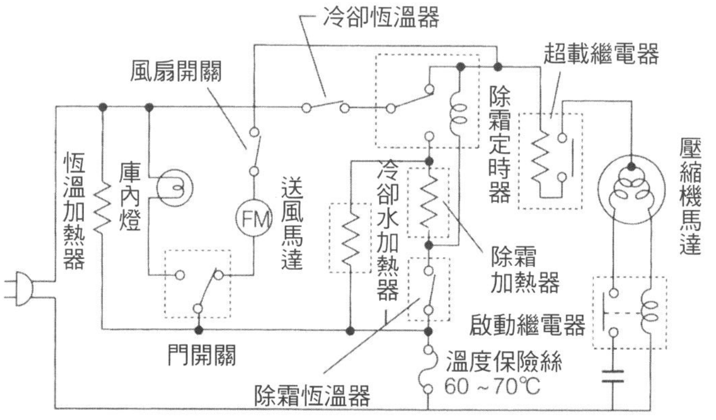

這個時候，壓縮機的感應馬達流通電流，藉由前頁圖中的啟動繼電器，使得輔助線圈不流通電流。可是，主線圈的電流流通，帶動了輔助線圈，使壓縮機的馬達開始運轉。

超載繼電器則在壓縮機馬達超過負荷之時，擔任自動停止電流的作用。

除霜定時器則通常八小時動作一次，使除霜加熱器與冷卻水加熱器開始進行冰箱除霜。除霜定時器開始動作，可以藉由恆溫器感知除霜動作的結束。溫度保險絲則是為了防止冰箱因故障而異常加熱之時使用，溫度在六十～七十度時即熔解停止電流。

另外，如前所述，加熱器的符號與電阻相同。與電阻相同是因為電能要轉換成熱能，是由於電熱線的電阻所致。

第 4 章

電子機器的元件與迴路

1 我們身邊的電子機器

電能可以像白熾燈、馬達等轉換成光源、熱源以及動力源。電晶體、ＩＣ半導體或ＬＳＩ積體電路等，以電子為主角的元件，也被應用於許多機器中發揮作用，例如電腦、無線電等。

我們家中的廚房，有電子鍋、微波爐、冰箱、榨果汁機、烤麵包機；客廳有電視、電暖器、立體聲音響、遊樂器、冷氣機、傳真機、電話、電腦、電風扇等有很多必須藉由電才能動作的家電製品。

這些機器都必須靠電能才能達成目的。換言之，即是利用電能本身的電子以操縱機器，其中像傳真機或電腦等特別利用電子效能的機器稱為「電子機器」。

本章所要介紹的，是電子迴路的基本——電晶體的動作原理，以及運用電晶體的放大電路等，實際的電子機器結構與迴路。

◆ 電腦是電子機器的代表

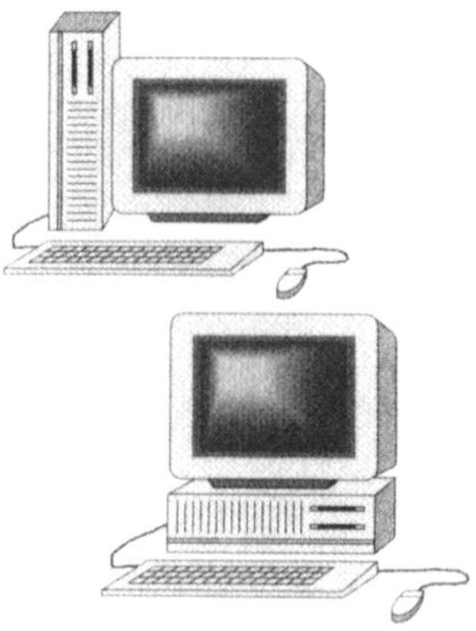

2 電晶體的動作原理

▼電晶體是電子迴路的基本元件，

其結構則是將p型與n型半導體交互排列為n-p-n或是p-n-p。

在電晶體中的n型、p型、n型（或者p、n、p）半導體上，各裝有一個電極，分別為射極、基極、集極。

接下來討論npn型接合之電晶體的動作原理。此類型中央的p型半導體部分比較薄。

要使電晶體動作，必須在射極與基極之間加上順向偏壓，在基極與集極之間加上逆向偏壓。

射極與基極之間是順向偏壓，因此n型的射極與p型的基極之間的障壁變薄，電子流向基極。而且因為基極較薄，因此從射流向基極的電子幾乎沒有再結合（沒有損失），而在基極擴散之後流入與集極的交界之處。

另一方面，在p型的基極與n型的集極之間加上逆向偏壓，因此障壁增加，使

◆電晶體的結構

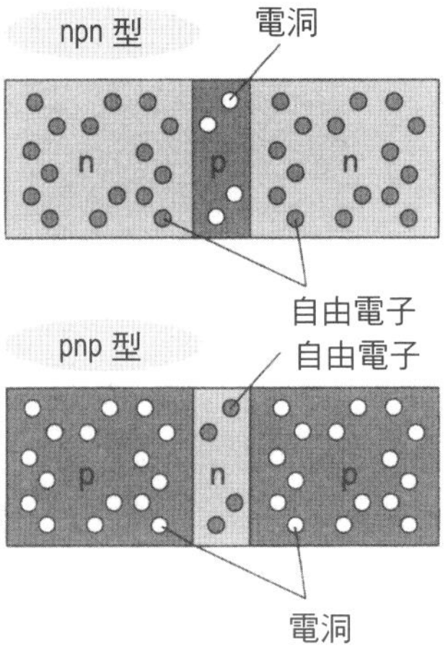

得流向基極與集極交界處的電子，由於逆向偏壓所造成的陡坡而流向集極。

舉例來說，如果從射極流向集極的電子量為「一〇〇」，到基極的電子量約減至為「一」，流向集極的電子則為「九九」。因為電子的流向與電流的流向相反，因此電流是由基極流向射極，也從集極流向基極。

從電子的流動可知，想要控制流向射極的電流，我們可從基極電流加以控制。

換言之，利用前面提出的數值，流入基極的電流是「一」的時候，流向射極的是「一〇〇」，由集極流出的則是「九九」。假定流入基極的是「三」則射極和集極的電流則分別為「三〇〇」、「二九

◆ 電晶體的原理

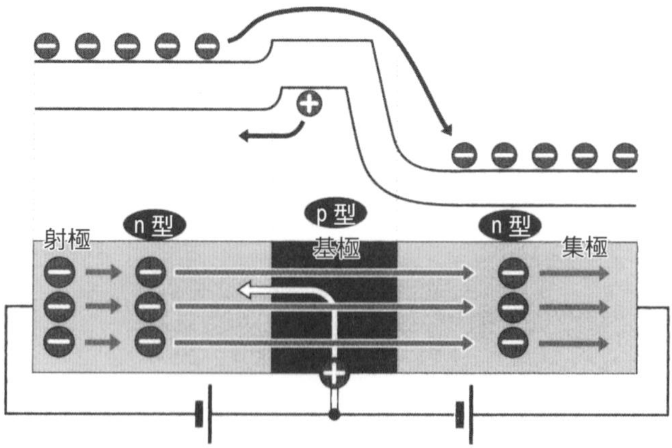

七」。

將一點小變化，轉變成大變化，這個現象稱為增幅，以上說明的就是電晶體可以增幅電流的原理。

因為電晶體同時使用電子與電洞，因此正確名稱應該是雙極性電晶體（bipolar transistor）bi是拉丁文的「二」，polar則是「極性」，表示正與負兩種電的極性。

至於類比的運用，則是運用基極電流可正確的與集極電流成比例的控制性質。數位的應用，則是藉著基極電壓的高低，使集極與射極之間呈現ON（＝低）和OFF（＝高）的兩種狀態。

電晶體的表面印有特定的符號，npn型電晶體的符號是2SC…、2SD，pnp型的則是2SA…、2SB。

◆雙極性電晶體的結構與符號

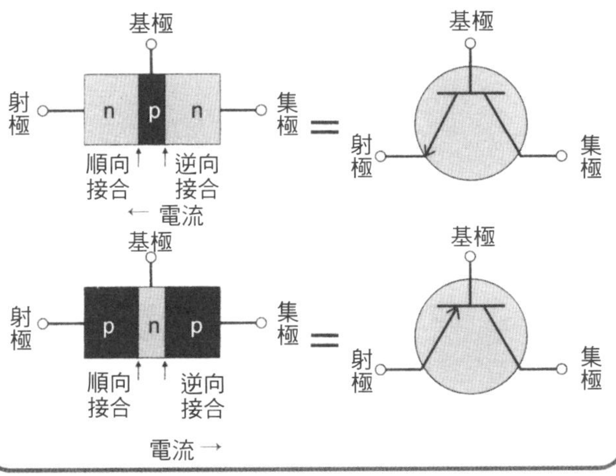

3 場效應型電晶體

前一節說明電晶體的動作原理，另外還有一種場效應型電晶體。

場效應型電晶體簡稱為FET（Field Effect Transistor）。零件的形狀與電晶體一樣，電晶體有基極、射極、集極等端子，FET則有閘極、源極、洩極端子。

FET因為製造方式不同而有接合型FET（JFET＝Junction FET）與MOS型FET（MOS-FET＝Metal Oxide Semiconductor）兩種，下頁的圖表示MOS-FET的結構。圖中的閘極，是用金屬（Metal）、氧化膜（Oxide）、半導體（Semiconductor）的MOS結構製成。

圖中所示，當閘極電壓為0的時候，會遮斷pn接合的電流，源極-洩極之間的電流無法流通。可是，如果對閘極流通正電，將閘極下的電洞推向內部，電子卻被拉引到閘極下方。結果，閘極下的部分與n型半導體相同，在源極-洩極之間流通電流。換言之MOS-FET藉著改變閘極電壓，可以調整源極與洩極間的電流量。

在此例中，由於電子（負電）成為流通或是遮斷電流的主角，因此稱為n通路MOS-FET。相反的，如果是以電洞（正電）為主角的MOS-FET，則稱為p通路MOS-FET。

這是FET的動作原理，與前面談到的電晶體的動作原理是完全不同的。

◆ 何為 MOS-FET

構造

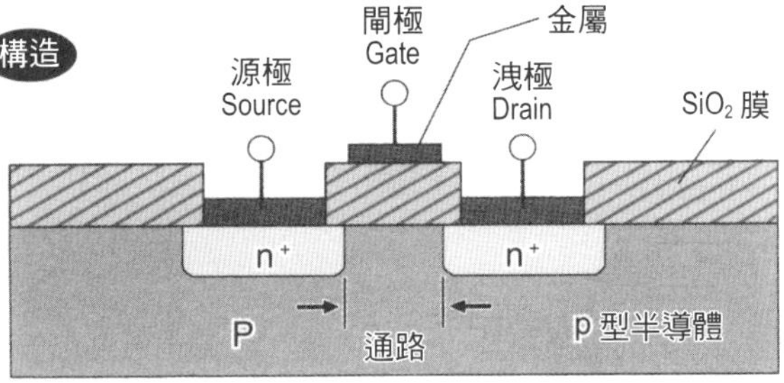

n 通路 MOS-FET

動作

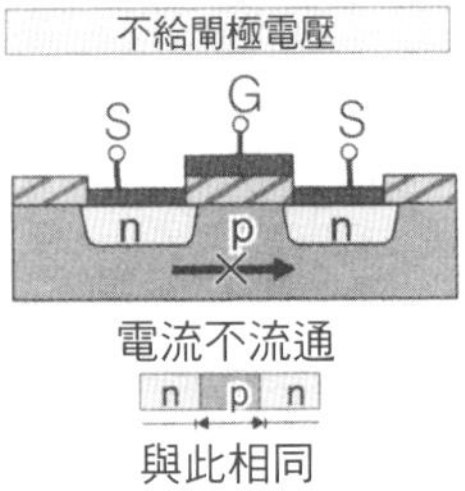

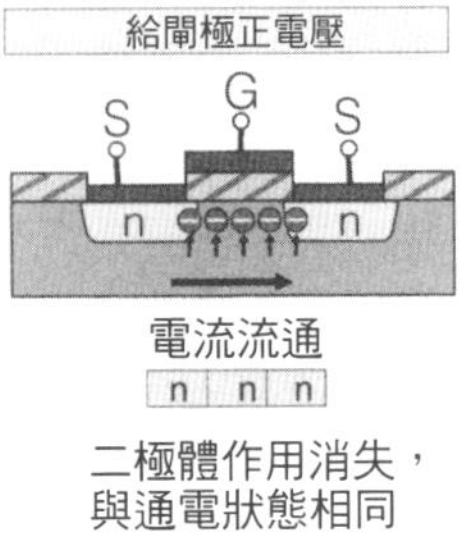

比喻

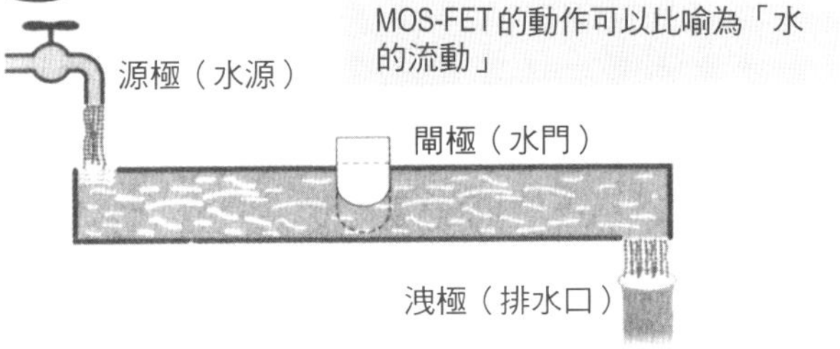

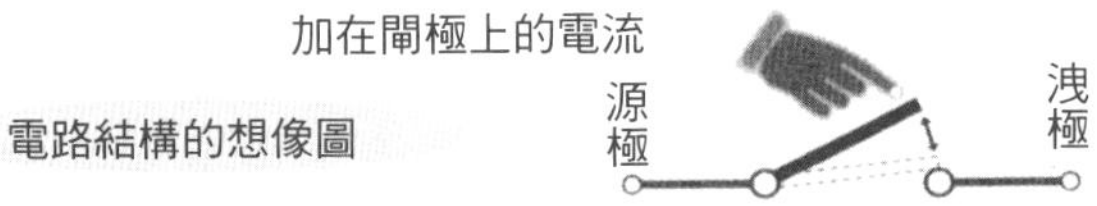

4 使用電晶體的放大電路

探討完電晶體的動作原理，現在要討論實際使用電晶體的放大電路。

下圖是使用一個電晶體的放大電路的電路圖。在電晶體的基極裝一個可變電阻，就可以使流向基極的電流產生變化，換言之使放大的幅度產生變化。

次頁的圖1，是使用兩個電晶體的放大電路原理圖。第一個電晶體所放大的訊號，再輸入第二個電晶體，可以獲得更大的放大效果。次頁中的圖2、圖3是實際使用放大電路的例子。

◆使用一個電晶體的簡單迴路

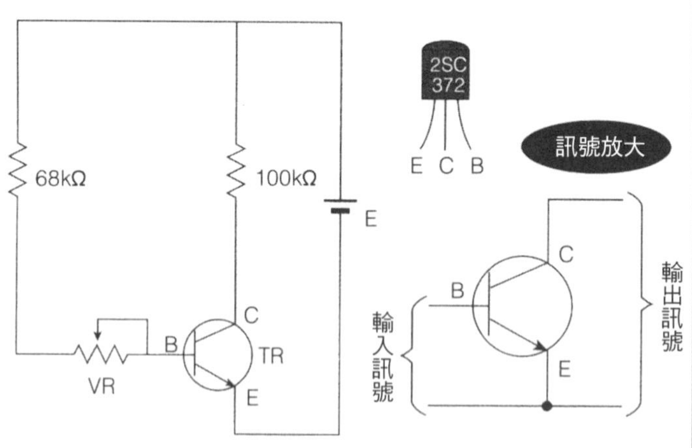

◆圖 1　使用兩個電晶體的放大電路原理圖

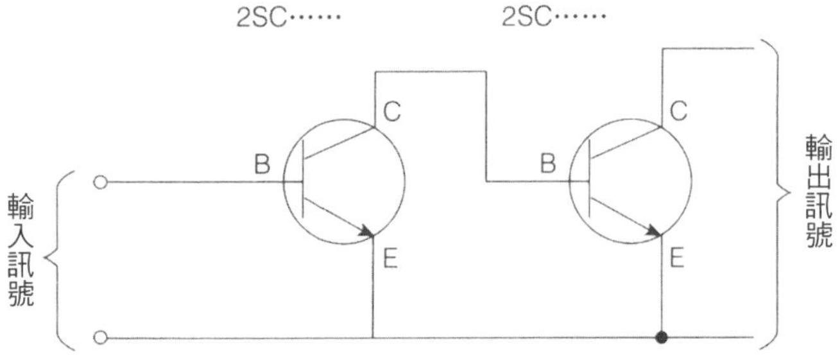

◆圖 2　使用兩個電晶體的放大電路實例（實體配線圖）

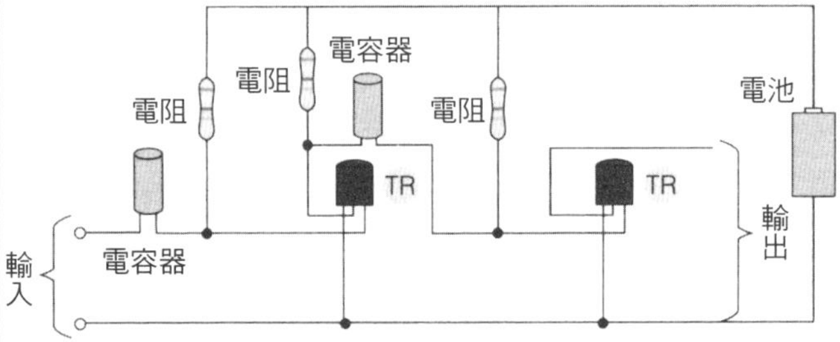

◆圖 3　使用兩個電晶體的放大電路實例（迴路圖）

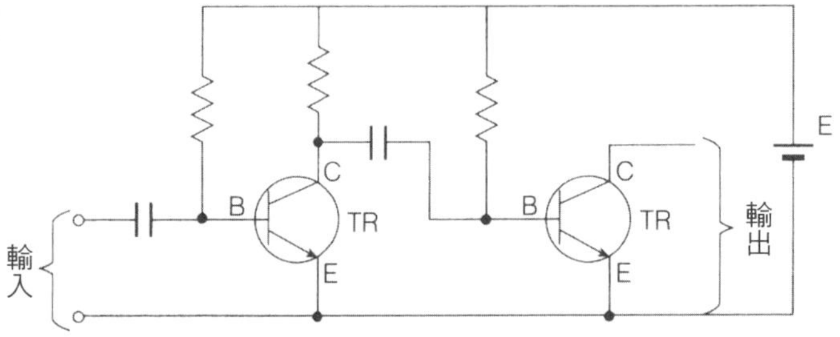

5 實際的聲音放大電路

下圖是透過麥克風收音，然後以一個電晶體放大再透過喇叭播放的迴路。

這個迴路，是由收音之麥克風的輸入部、將訊號增強的放大部、將訊號轉為人可接收之型的輸出部三個部分所構成。

每一個零件的作用都有標示，敬請參考。

次頁的圖使用的是兩個電晶體的放大電路。其方式是在放大電路的輸出部分B-C間，再接上第二個放大電路，由於麥克風收到的訊號有兩階段的放大，因此比使用一個

◆放大電路與零件的作用

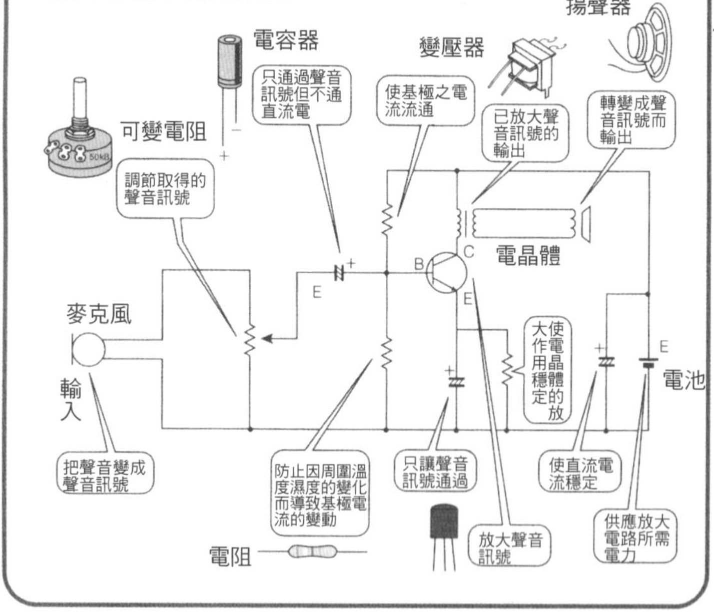

電晶體的聲音更大。

從迴路圖中可以知道，兩個放大部的零件結構是一樣的。

◆放大電路與零件的作用

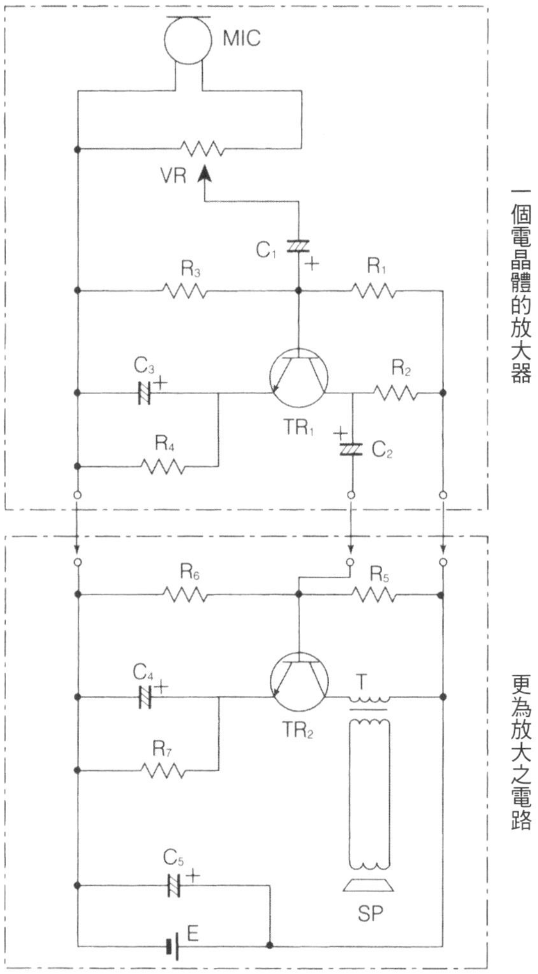

浴缸的水位報知器

在浴缸放太多水而溢出的經驗，相信很多人都曾有過。這個時候，可以預告水位並用蜂鳴器發出聲響的水位報知器就非常方便。

下圖是水位報知器的電路圖與實體配線圖。此種迴路之感應器的金屬部分只要接觸水面，電流就會經由水而流入電晶體，再由電晶體放大，使壓電蜂鳴器發出聲音。

迴路中所使用的電晶體是npn型。可以在一般的電器材料行中購得。電晶體的表面上會有2SC……或者2SD等字樣以表示種類。

這種水位報知器的製作方式很簡單，也可以自己試著製作。

◆ 水位報知器的實體配線圖與電路圖

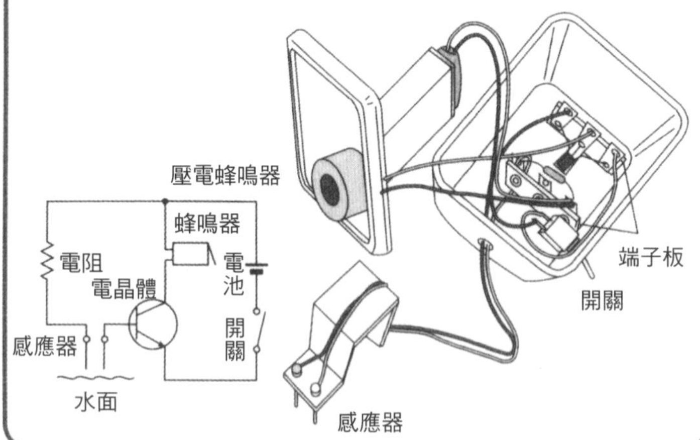

7 電子蜂鳴器的電路

按下開關會產生電子式振盪的蜂鳴器，稱為電子蜂鳴器。以前未曾有對講機的時代，一樓大門前都會有蜂鳴器的開關。

下圖是將放大電路所放大的輸出訊號，再輸入電晶體，使揚聲器會持續發出聲音之電子蜂鳴器的實體配線圖與電路圖。

此電路與前節水位報知器一樣，所使用的零件很少，可以自己做做看。請務必嘗試一下。

◆電子蜂鳴器的實體配線圖與電路圖

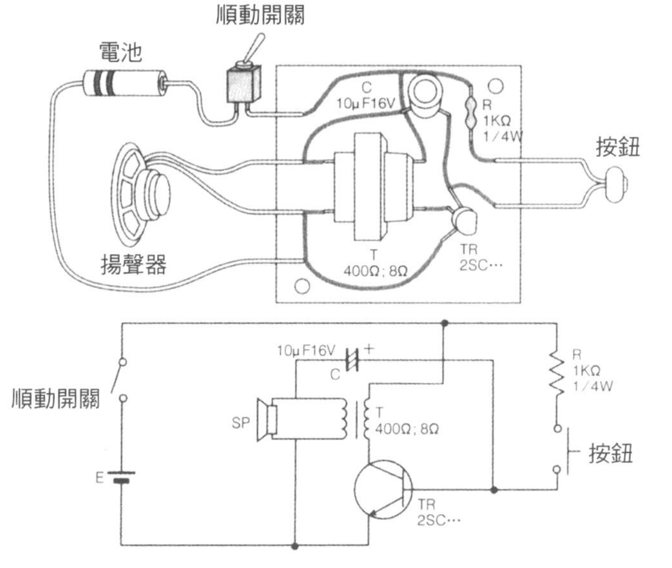

8 光感應發聲的電路

坊間售有一種照射光線會發出聲音的小鳥玩具。照射光線就會發出聲音，的確令人覺得有些不可思議，它的秘密就在於裝置在小鳥身上的光敏電阻。

光敏電阻使用的材料是鎘（Cd）和硫（S）化合之硫化鎘（CdS）所製成，因此光敏電阻一般也稱為CdS。

CdS具有隨光之強度而變化電阻值的性質，利用這種性質可以實現以光進行開關之開閉的功能。

實際上，硫化鎘受光的時候，電阻值會與光之強度成反比而降低。換言之，沒有光的狀態電阻值是最高的，電流不易流

◆ 小鳥玩具的外觀和實體配線圖

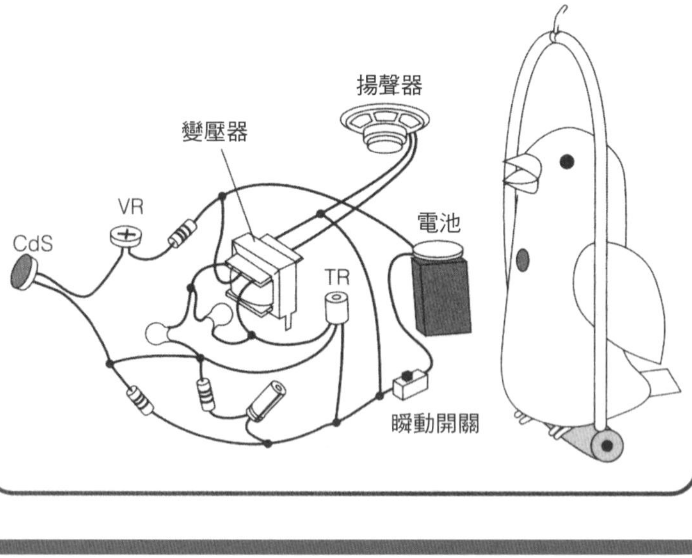

通。

以這種玩具的情況來說，是因為光的照射而使電流流通，電容器重複的進行電流儲存與流出的動作，訊號由電晶體放大後輸入揚聲器，發出小鳥的叫聲。

至於將光改變為電訊的元件（受光元件），還有光電二極體或光電晶體和太陽電池等。

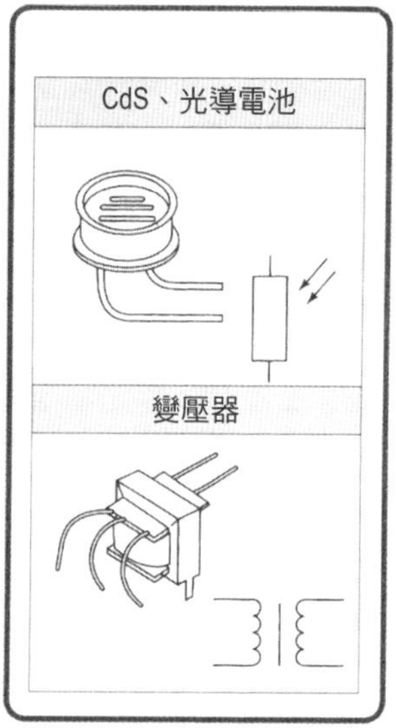

◆小鳥玩具的電路圖

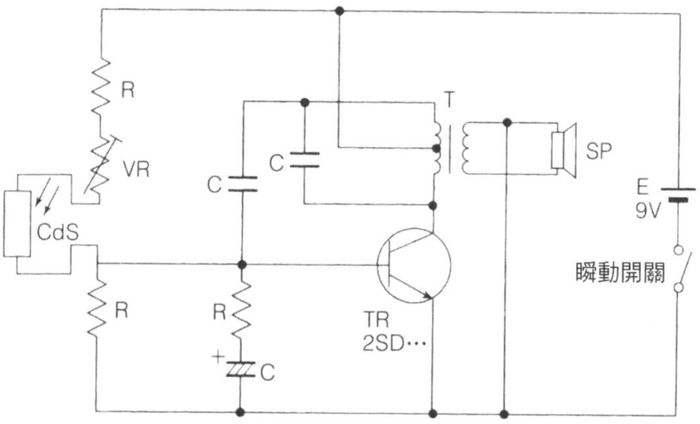

對講機的電路

使樓下的人可以與樓上的人進行對話的機器，就是對講機。現在許多家庭的客廳入口處都可以看到。

這裡所介紹的對講機迴路使用的是九〇頁所介紹的聲音放大電路，藉由按鈕的切換，把發出聲音的揚聲器當作麥克風使用。

不過，最近的對講機已經不需要切換按鈕也可以互相談話。

下圖是其實體配線圖與電路圖，以兩個電晶體來放大聲音訊號。

◆ 對講機的實體配線圖與電路圖

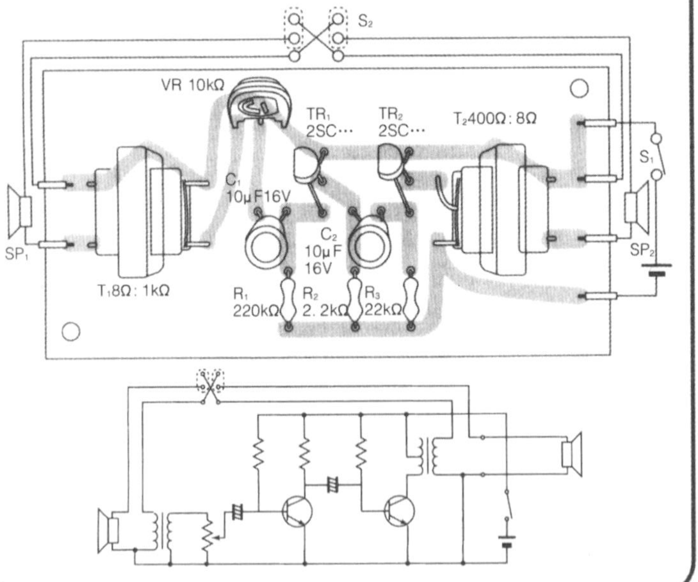

10 直流電源裝置的電路①

直流電源的代表就是常見的乾電池，可用一個簡單的迴路從一一〇V的交流電獲得直流電。數位攝影機或攜帶式錄影機的AC整流器就是最好的例子。

下圖是直流電源裝置，從圖以及迴路可知，僅僅由七個主要零件構成。此外，主要零件的作用及電流的波形也都在圖中有清楚的標示。

◆ 直流電源裝置的實體配線圖與電路圖

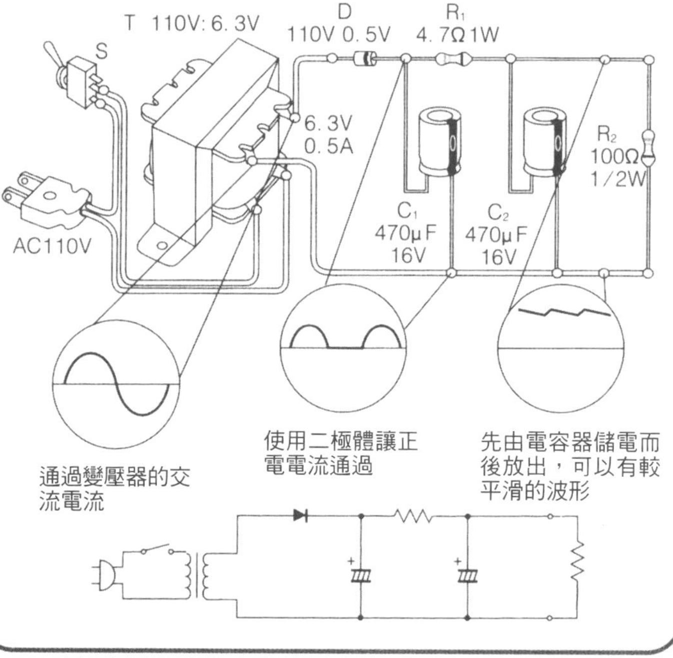

直流電源裝置的電路②

前節所介紹的是將交流電變直流電的裝置，也就是直流電源的裝置。

使用這種迴路，可以簡單的從一一〇V得到直流電。

下圖是將交流電一一〇V轉為直流電一二V之裝置的實體配線圖，為了可以穩定的得到直流電，裝置裡使用了三端子的IC零件。

這種三端子的IC裝有齒狀的金屬板，稱為散熱片。換言之，IC進行整流時會發熱，為了能夠有效的散熱而裝置（參照次頁上圖）。

同時，如下圖的迴路圖所示，變壓器的輸出端子有八、一二、一四、一六V四

◆ 直流電源裝置的實體配線圖

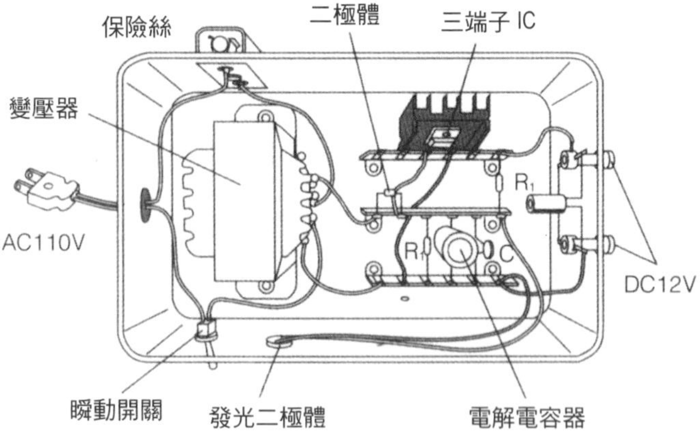

種輸出端子，在這個迴路裡連接一六V的端子，通過IC與二極體得到一二V的直流電。

◆三端子 IC 與散熱片

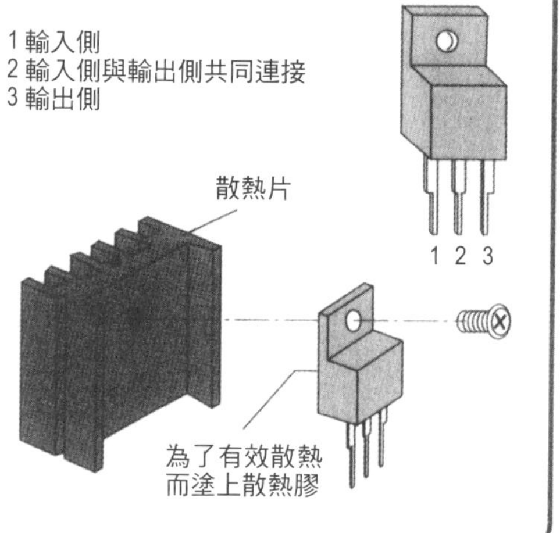

◆直流電源裝置的電路圖

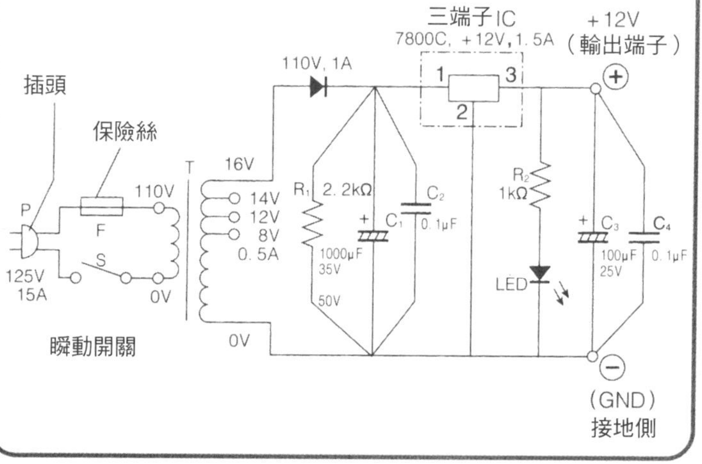

12

運算放大器

所謂的運算放大器（Operational Amplifier）就是稱為演算增幅器的IC，是廣泛運用於放大器的一種IC，其特性如下：

①電壓放大率無限大（大致可以成為電源電壓）。

②放大頻域範圍無限大。

③輸入阻抗（交流電之電阻作用）無限大。

④輸出阻抗接近零。

運算放大器有單一輸入型及差動輸入型，一般使用的是差動輸入型。差動輸入型的「＋」「－」符號，是為了區分相對於輸出是反相的反相輸入端子，或是同位相的非反相輸出端子。

左圖是運算放大器的表示法和基本的放大電路。

◆運算放大器的表示法與各種電路

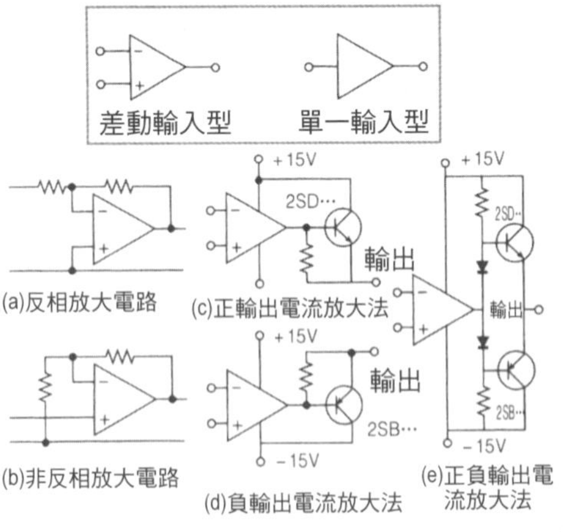

13 無線麥克風的電路

一提到麥克風，就令人聯想到有人對著麥克風說話或是唱歌的機器，有些有長長的電線，也有將聲音以電波傳送的無線麥克風。

將聲音以電波傳送會令人覺得有些複雜，不過很意外的以十分簡單的迴路即可完成。下圖所示即為無線麥克風之電路圖與零件的符號。

這裡所舉的例子是無線麥克風的電路，是由一個電晶體所構成。

◆無線麥克風的電路圖

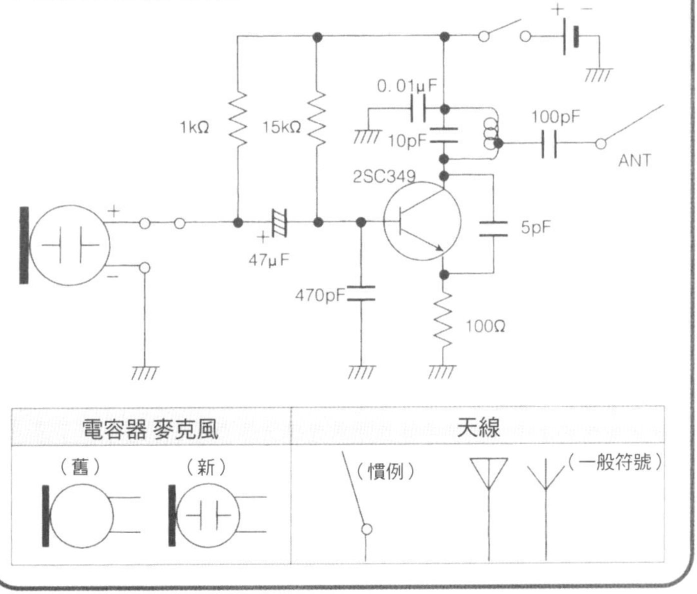

14

立體聲
無線麥克風

前節曾提到無線麥克風，不過那是單聲道，而且是無法收音的類型。

為了參考起見，在此說明裝有兩個三端子永駐體電容器的立體聲無線麥克風的電路。

下圖是這種立體聲無線麥克風的實體配線圖。這種迴路使用的是NJM2035D的IC，以及運算放大器LM358P的IC兩個。並以MOS-FET將聲音訊號轉換成FM電波而發訊。

次頁圖的上方表示的是電路圖，下方則是主要零件的符號。

◆立體聲無線麥克風的實體配線圖

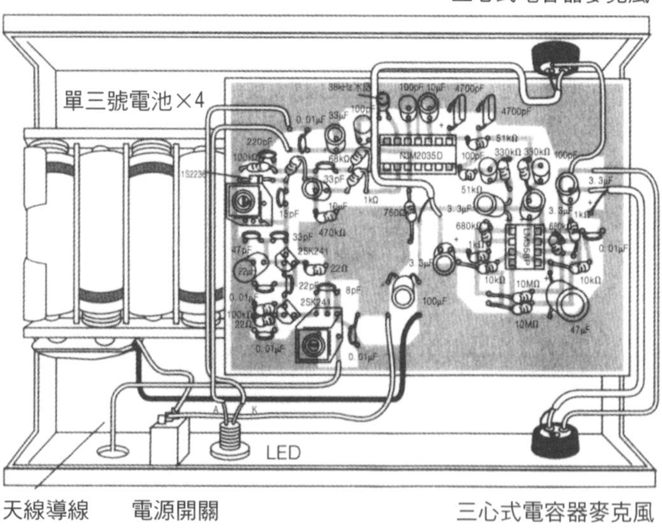

◆ 立體聲無線麥克風的電路圖

三端子電容器麥克風

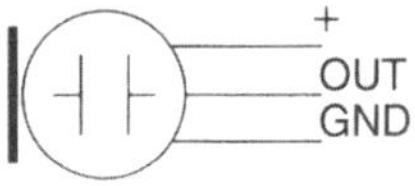

運算放大器 IC

LM358P

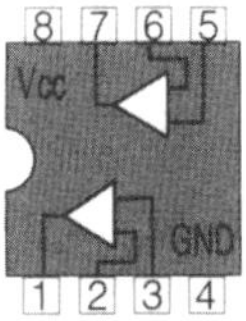

IC

NJM2035D

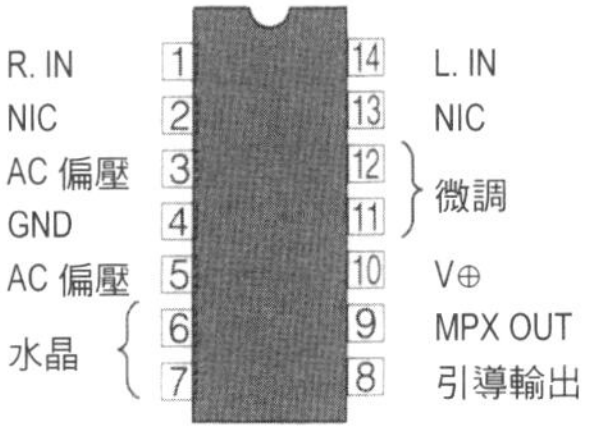

水晶振盪器

（舊）

（新）

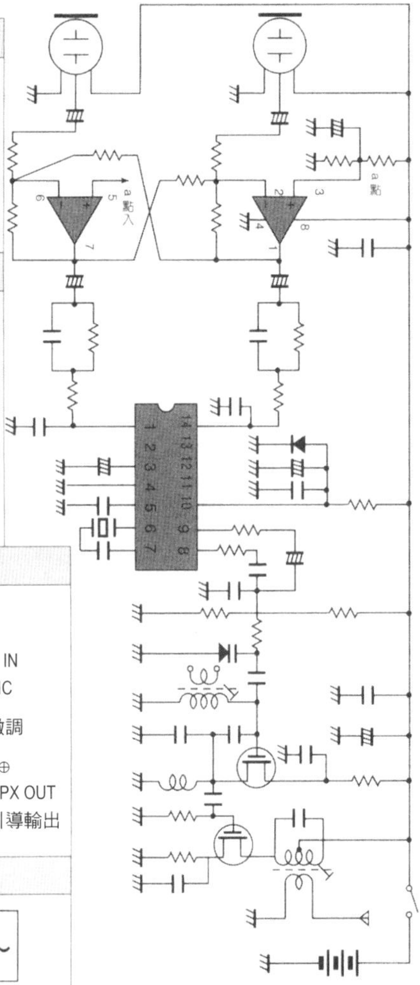

15 通電測試器的電路

第3章的部分談過三用電錶的使用方式與數據的讀取，此外還有一種可以找出配線錯誤以及檢查通電與否所使用的通電測試器。

下圖是通電試器的實體配線圖，由於進行的是訊號的增強與比較，因此其迴路的構成十分簡單。

圖中的LM324N－C，是由放大器（放大電路）、比較器以及振盪電路三種電路組合而成，通電狀態時因為壓電線圈流通電流，而使蜂鳴器發出聲音。

下圖便是此種通電測試器的電路圖。用鱷魚夾夾住要測試的部分，若

◆ 通電測試器的實體配線圖

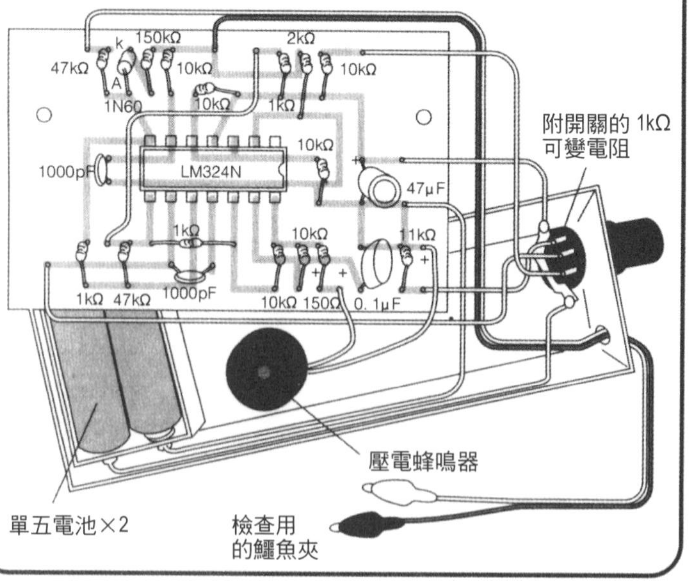

是這個部分可以通電（電阻為一～二Ω以下時），LM324N放大器會流通電流，依序流向比較器⇩振盪迴路，使壓電蜂鳴器發出聲響。

此種通電測試器，用於測試印表機基板的斷裂或導線的配線錯誤，是非常方便的儀器，電路十分簡單，可以自己試著做看看。

差動輸入型運算放大器

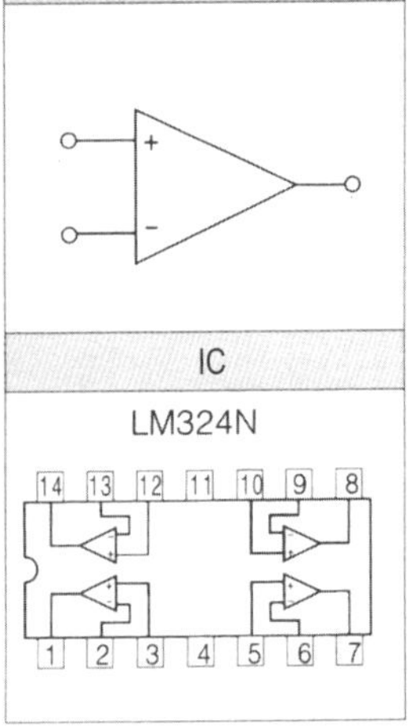

◆ 通電測試器的電路圖

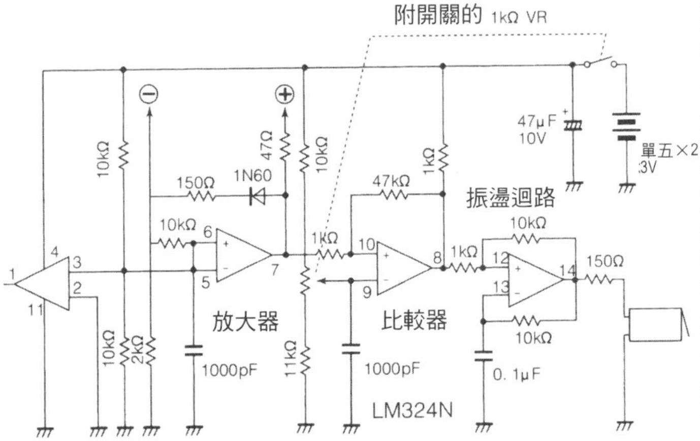

16 礦石收音機

下面的實體配線圖與電路圖，使用了一個電晶體和兩個二極體，用一個晶體耳機就可以聽到自己喜歡的廣播電台。

由圖中可知，是非常簡單的迴路，可以自己試著做做看。

◆ 礦石收音機的實體配線圖與電路圖

磁心天線

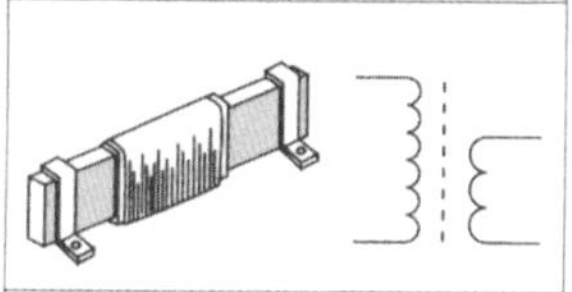

高頻抗流圈

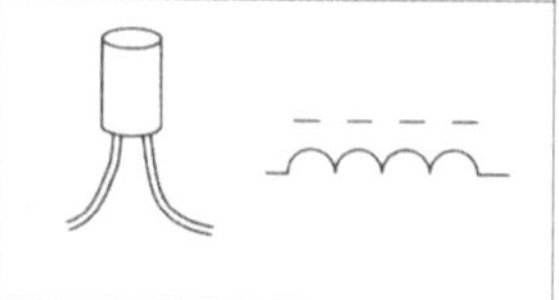

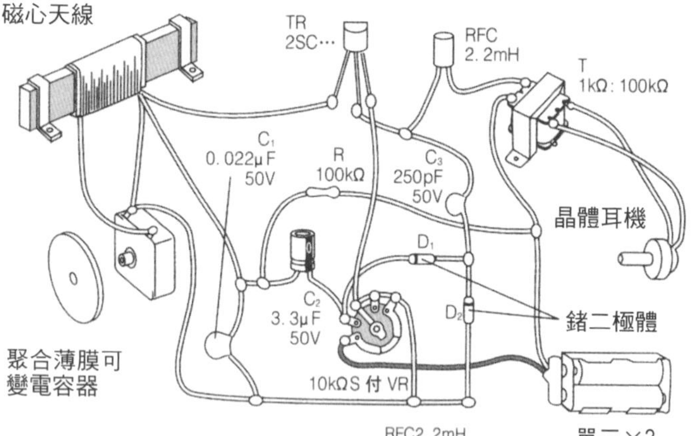

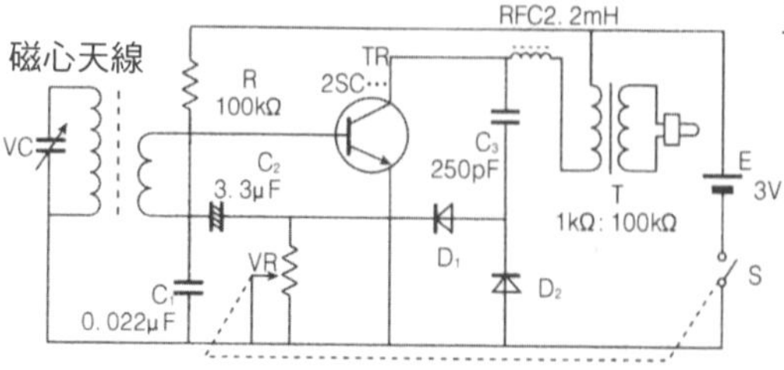

17 使用IC的收音機

前面介紹的是電路非常簡單的收音機，這裡要說明的是使用IC的收音機。

下圖所示是收音內部的情況與電路圖，其中所使用的IC為**7303P**。

此種IC是用於舊型的FM調諧器，組合了AM檢波、FM檢波、運算放大器、低電壓迴路等電路。

◆使用IC的AM收音機

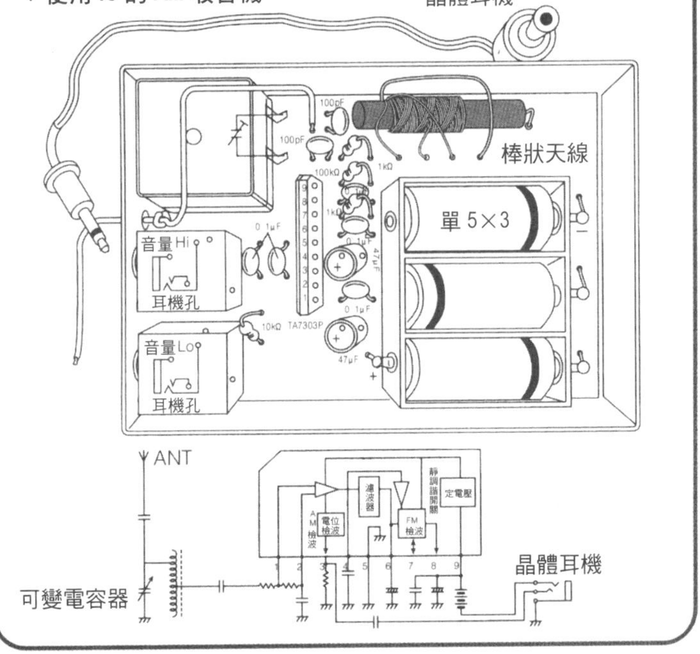

18 用太陽能電池聽 AM 收音機

在憂慮石油、煤等石化燃料枯竭的時代，於是將幾乎是無盡寶藏之太陽能（光）發電的太陽電池運用於各種設備之中。

這裡所要介紹的收音機，是利用太陽能電池，將白天所發的電，儲存於鎳鎘電池之中，可以在夜間使用。

太陽能電池的原理，是利用在二極體以及電晶體中所使用過的p型與n型半導體貼合的pn接合。光射入pn接合之後，會產生電子與電洞，因而產生電能（參照右下圖）。

次頁即為使用太陽能電池之收音機的實體配線圖。使用電容器以保持電源之安定，並且使用二極體對太陽能電池之電源進行整流。

◆ 太陽能電池的原理

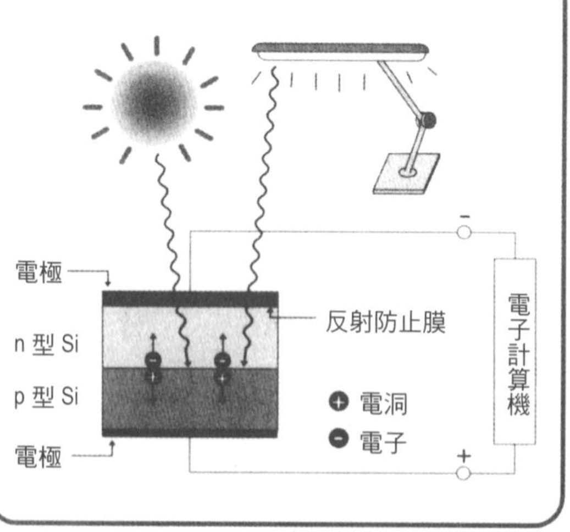

◆ **使用太陽能電池的 AM 收音機實體配線圖**

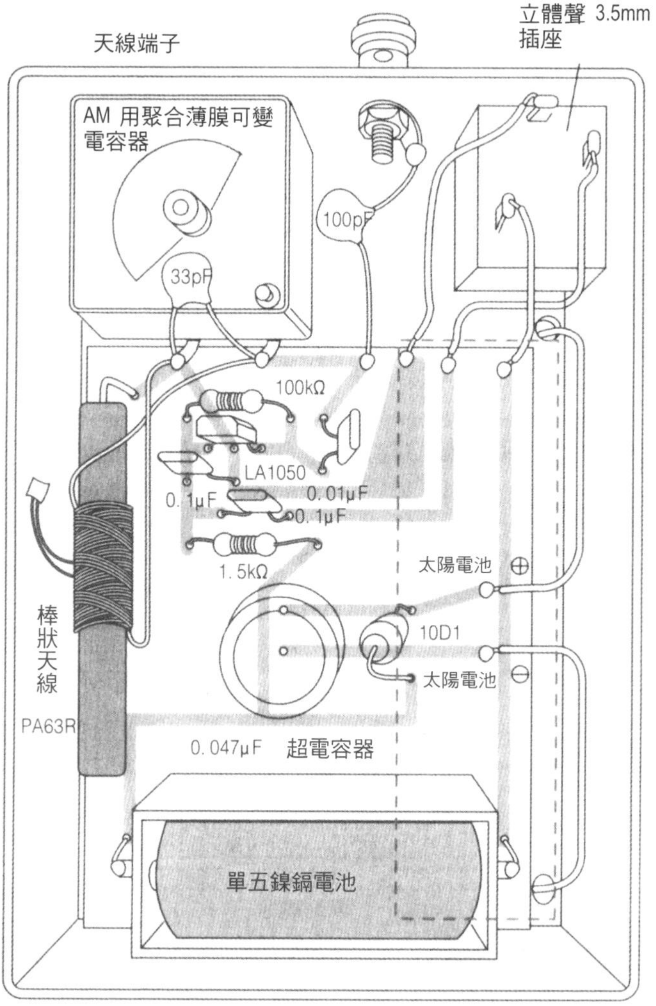

19

一個二極體的收音機

收音機可以從許多廣播電台發出的電波中，選出想要的電波，轉變成聲音，這裡所介紹的收音機，是用二極體、調諧線圈等四個零件構成。

這種收音機與不需要電能的礦石收音機原理相同，在沒有使用電池的情況下也可以聽到聲音。此外，因為連接了放大電路，因此可以用揚聲器聽到聲音。

下圖即為此種收音機的實體配線圖與電路圖，可以自己試著做做看。

◆不用電池也可以聽的礦石收音機

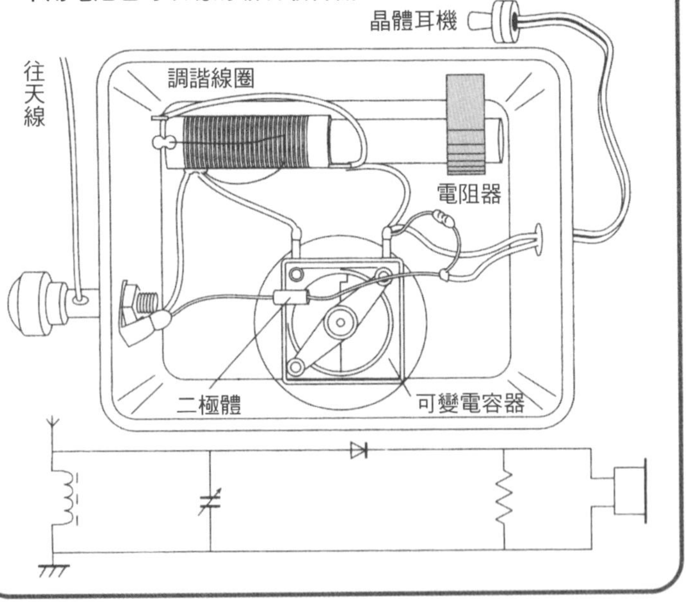

20 家庭用 AM 收音機

這種收音機不是用晶體耳機，而是用揚聲器聽廣播，終於接近一般市售收音機的狀況。

這裡介紹的收音機所使用的ＩＣ，比用耳機收聽的收音機所用的更可以放大訊號。下圖是收音機的電路圖，大部分的主要迴路都是由ＩＣ（LA1610、太陽能電池ＡＭ收音機）所構成。

如電路圖所示，調諧電路、穩壓電路、放大控制電路、功率放大器等，許多電路被組合在一個ＩＣ內。使用這個ＩＣ可以簡單的組成收音機。

◆ **AM 家用收音機**

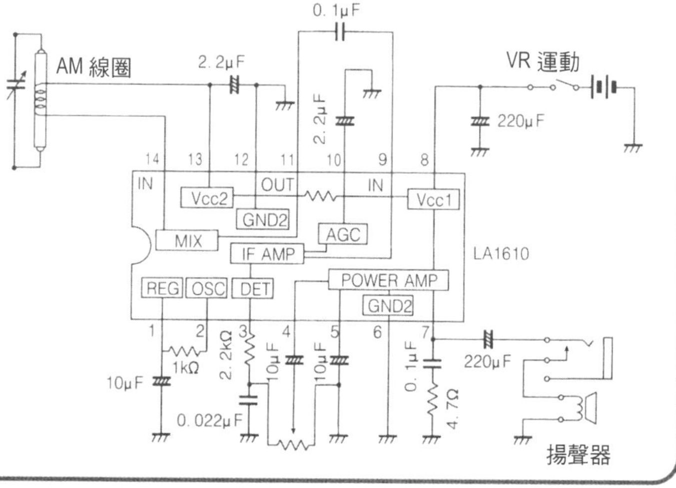

第 5 章

控制馬達的迴路與邏輯電路

1 使馬達驅動的基本電路

本章要說明控制馬達的各種電路。

首先就只要轉動馬達及可以自由改變轉速的情形，對ＤＣ馬達、無刷馬達、步進馬達三種進行比較。

馬達轉動的時候，ＤＣ馬達只要接上電源就可以轉動。

可是，無刷馬達或是步進馬達卻無法直接驅動。無刷馬達需要電子整流迴路，步進馬達則需要產生電力脈衝的驅動電路。

如果要自由改變轉速，則需要各種馬達的速度控制電路。

◆ 使馬達轉動的基本電路

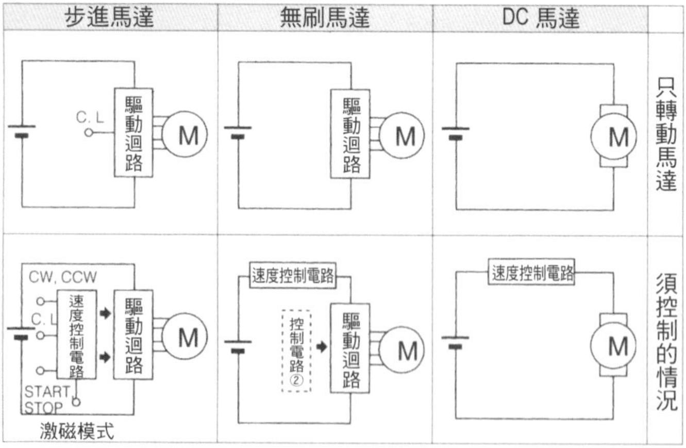

2 DC馬達的控制電路

▼一般而言，我們會使用下圖的控制電路，控制DC馬達的轉數。

首先，裝在DC馬達轉動軸上檢測轉速用的TG（轉速計；Tachogenerater），會配合馬達的轉速產生電壓。

接著，將電壓與基本電壓進行比較。而且將電壓差傳入電力放大部，再配合此電壓差進行電力放大，以控制DC馬達。

以轉速計掌握馬達的轉速，並配合變化掌握流向馬達動力的方法，稱為回饋控制，這裡所使用的電路是回饋電路。

◆速度控制的回饋電路

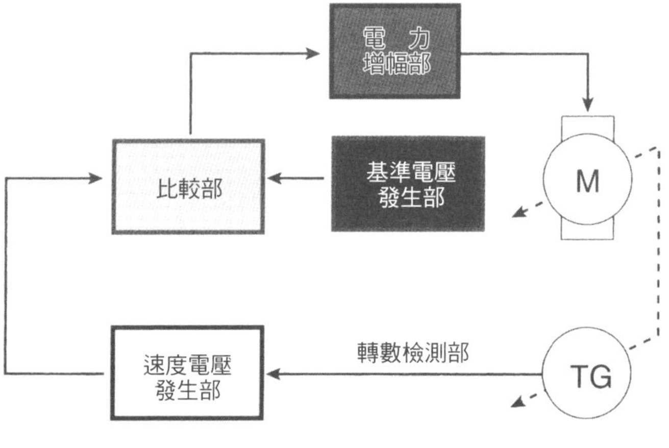

3

速度控制迴路

前節已經說過控制DC馬達的電路概念，下面要說的則是實際的控制電路。

先以轉速計檢測DC馬達的轉速，並將訊號傳入運算放大器中。接著將訊號與穩壓二極體電路產生的基準電壓比較，其差額則以放大電路放大。

如前節所述，這種電路稱為回饋電路，如果馬達的轉速太低，則將過低的部分加以放大，進行提高轉數的動作。

下圖是這種控制電路的電路圖。

◆控制速度的回饋電路

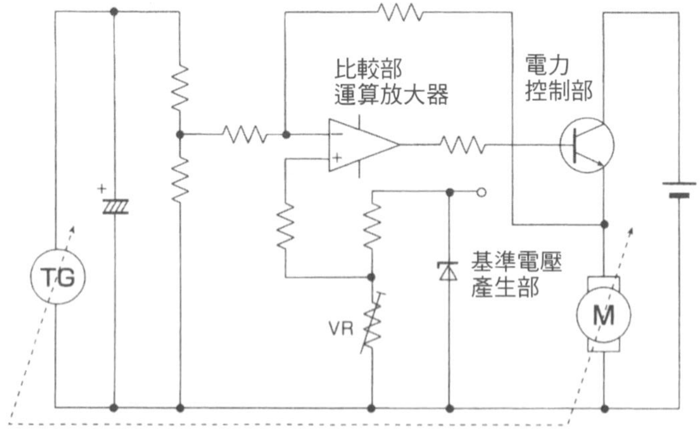

4 馬達的 PLL 控制迴路

PLL控制法是使馬達轉速穩定的控制方法之一。PLL是 Phase Locked Loop 的簡稱。此種電路使用PLL專用的IC。

馬達的轉動軸，有一個有縫隙的縫隙圓板，從發光二極體所發出方光透過縫隙，輸入光電晶體之中，配合轉動，光的量會出現變化，就可以知道馬達的正確轉速。

被檢測出的轉動數訊號，送至PLL，與水晶震動器所發出的基準訊號做比較，目的是調查馬達的轉動數以進行校正。

◆ 使用 PLL 專用 IC 的定速控制迴路

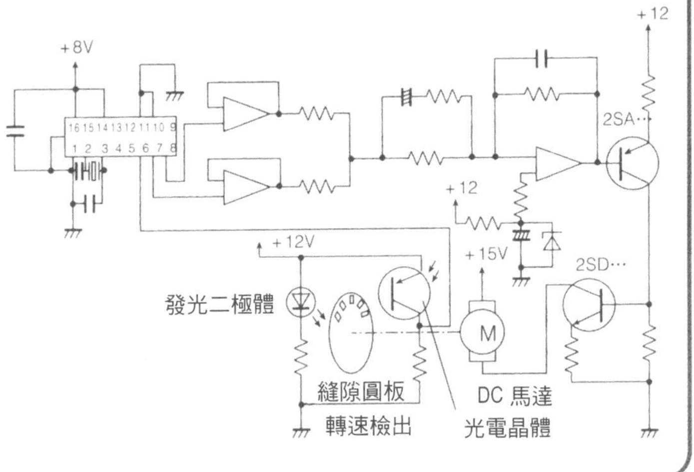

步進馬達的驅動迴路

步進馬達是對應脈衝電力而轉動的馬達，馬達的轉動角度與輸入的脈衝數成正比。此外，其特徵則是轉速與輸入的脈衝頻率成正比。舉例來說，一個脈衝如果讓馬達轉動三〇度角，那麼，十二個脈衝就可以使馬達轉動一圈。

要使步進馬達轉動，則產生電力脈衝的驅動電路是必須的。這裡所要討論的，就是驅動步進馬達之專用ＩＣ的作用。

首先，振盪器所產生的脈衝訊號，送到激磁相位控制部，再經由電力放大部放大，並且以1、2、3、4、1、2……的方式反覆傳送使步進馬達的轉子轉動（參照次頁上圖）。

在驅動的專用ＩＣ中，也組合了包括正反轉、啟動、停止、振盪頻率可變等等的機能。

次頁的下圖，是步進馬達的驅動電路圖。專用ＩＣ使用的是**SDB1520**、**MB18713**、**PMM18714**等ＩＣ。

圖中所使用的二極體，可以改善步進馬達的晃動與隨動性，電力放大部所用的電晶體則是**2SC1881**。

◆ 步進馬達的轉動原理

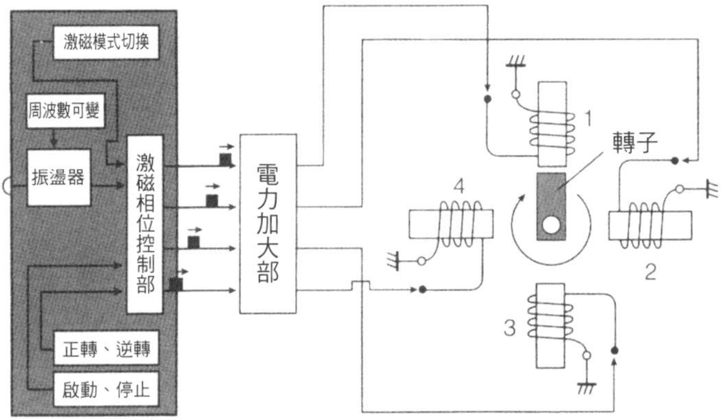

◆ 步進馬達的驅動電路

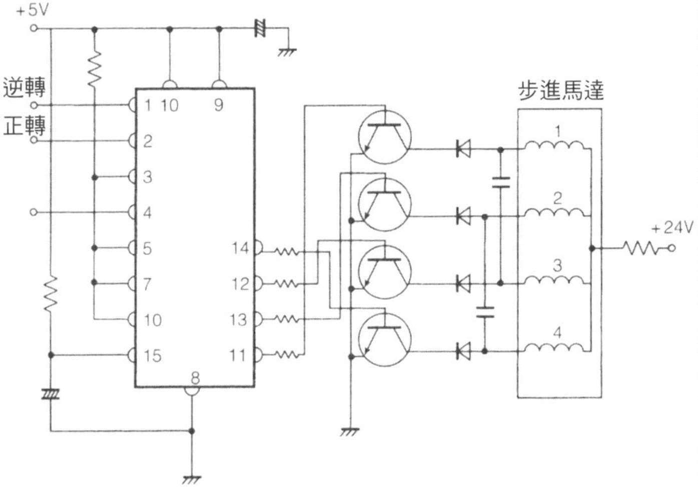

6

IC的邏輯電路①或閘電路

ＩＣ之中組合了一種邏輯電路，在微電腦控制的機械電路中經常出現，這裡要介紹它的讀法。

首先，或閘電路，也稱為ＯＲ電路或是邏輯和電路。或閘電路若以Ａ、Ｂ兩組的開關表示，則為左圖上方的並聯電路。如果電路中Ａ、Ｂ兩組的開關都不切斷，則電燈會點亮。

上表所示，則是Ａ、Ｂ各個開關與燈的狀態。次頁的表，則是以開關的ＯＦＦ為０，ＯＮ為１，並以燈為滅為０，亮為１。

此表即為真值表，其演算稱為邏輯和。因為所有的演算都以０與１來表示，因此適用於電腦的演算。

左表的符號則是或

◆ 以開關表示或閘電路

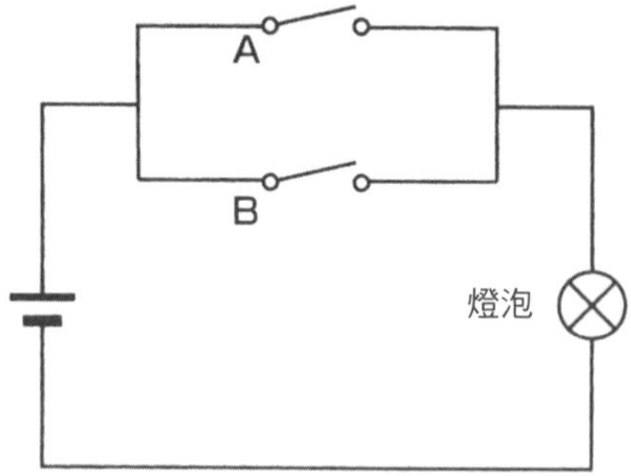

◆ 開關的 ON/OFF 與燈的狀態

開關的狀態		燈的狀態
A	B	
OFF	OFF	燈滅
ON	OFF	燈亮
OFF	ON	燈亮
ON	ON	燈亮

閘電路的符號表示。

左圖下方，則是組合了此種或閘電路的ＩＣ，例如TTL・IC7432的結構。在接腳1、2輸入，則可在接腳3得到完全符合真值表的輸出。

ＴＴＬ・ＩＣ是Transistor Transistor LogicIC的簡稱，稱為電晶體—電晶體邏輯電路ＩＣ。此外，這種ＩＣ的編號不同，而組合於其中之邏輯電路的種類亦不同。

◆ **或閘電路的真值表**

輸　入		輸　出
A	B	
0	0	0
1	0	1
0	1	1
1	1	1

◆ 或閘電路的符號與TTL・IC7432的構造

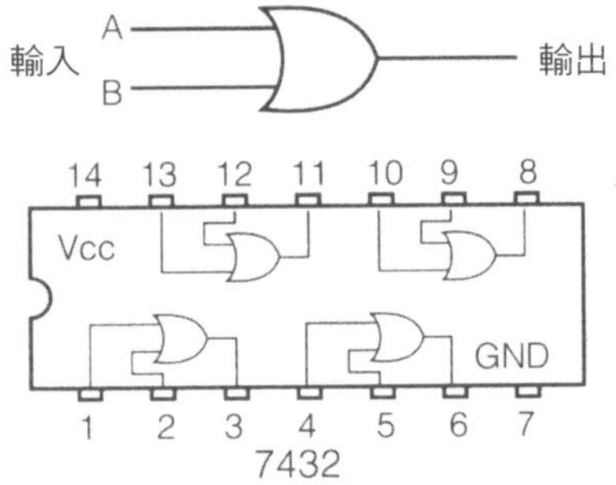

7

IC的邏輯電路② 及閘電路

前節所介紹的是或閘電路，這一節則是及閘電路。及閘電路又稱為AND電路，或是邏輯積電路。

將及閘電路以A、B兩組開關表示的迴路，如上圖的串連電路，這種電路如果A、B兩組中任一開關不連接，則燈無法點亮。

下圖所表示的是開關的狀態與燈的狀態。次頁的圖則表示，若開關的OFF是0，ON是1，則燈熄滅為0，點亮為1。

此即為真值表，從數字即可知道，輸入A與輸入B的數字相乘即為輸出的數字。此種演算稱為邏輯積。

邏輯積與邏輯和一樣，所有的演算都是以0與1表示，適用於電

◆ 以開表示及閘電路

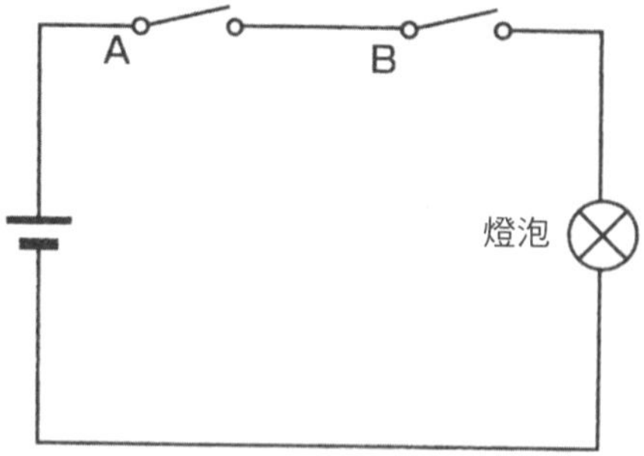

◆ 開關的 ON/OFF 與燈的狀態

開關的狀態		燈的狀態
A	B	
OFF	OFF	燈滅
OFF	ON	燈滅
ON	OFF	燈滅
ON	ON	燈亮

腦的演算。

左圖則是及閘電路以符號表示的方式。

左圖則是組合有此種及閘電路的ＩＣ也就是TTL・IC7408的結構。在這裡，如果接腳1、2為輸入，則可得到合乎真值表的輸出。

◆ 及閘電路的真值表

輸　入		輸　出
A	B	
0	0	0
0	1	0
1	0	0
1	1	1

◆ 及閘電路的符號與 TTL ・ IC7408 的構造

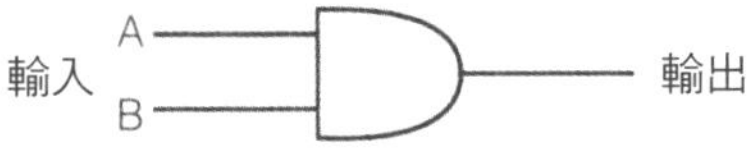

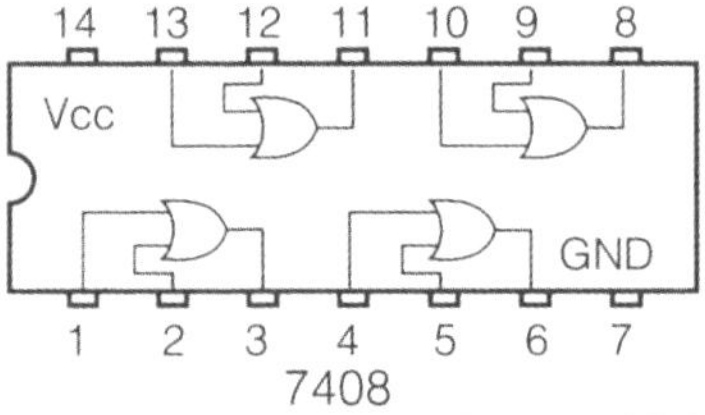

IC的邏輯電路③ 反閘電路

▼ 反閘電路又稱為NOT電路或否定電路。

下圖之電路，則是以開關表示之反閘電路。此種開關為開關按下時接點分開，電源不流通，放開之時會因為彈簧的力量而致使接點連接的結構。

真值表上開關壓下為1，放開為0，燈泡之熄滅為0，點亮為1。下圖所示則為此種反閘電路的IC（7404）的結構。

反閘電路有時候也會與閘電路、及閘電路組合使用，各稱為反或閘電路、反及閘電路。

◆ 以開關表示反閘電路

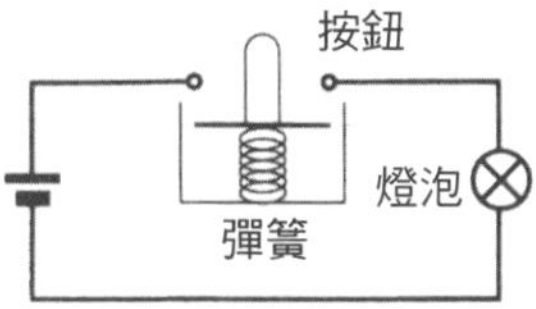

◆ 開關與燈的狀態

開關的狀態	燈的狀態
放	燈亮
按	燈亮

◆ 反閘迴路的真值表

輸入	輸出
0	1
1	0

◆ 反閘回路的符號與
TTL ・ IC7404 的結構

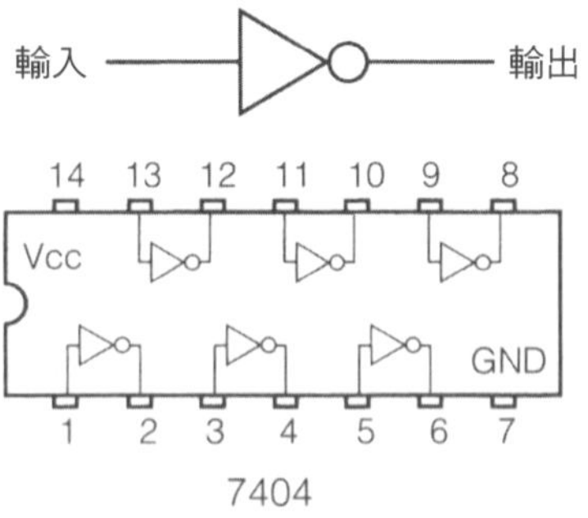

9

IC的邏輯電路④ 反或閘電路

反或閘（NOR）電路是或閘電路的否定型。

將反或閘電路以開關的方式表示，如下圖所示，呈現將反閘電路的開關串連的形態。真值表中開關押下為1，放開為0，燈的點亮為1，熄滅為0。兩邊的開關都不按的時候，燈泡就會點亮。

反或閘的邏輯符號，使用的是或閘符號與反閘符號連接的形態，或是在或閘符號上再加一個圓圈。下圖所示，則是組合了反或閘電路的IC（7402）的結構。

◆ 反或閘電路的符號與 TTL・IC7402 的結構

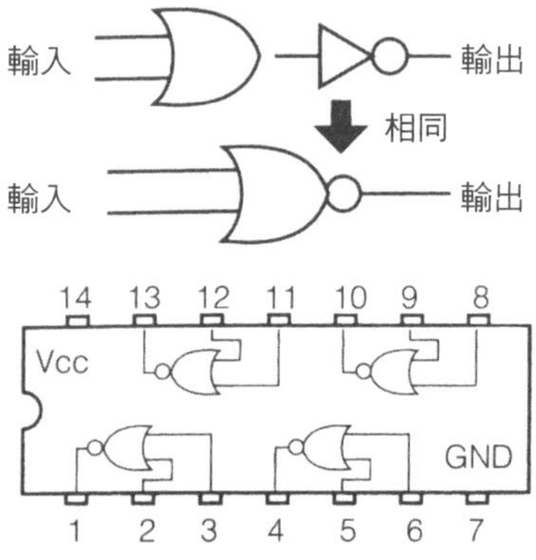

7402

◆ 以開關表示反或閘電路

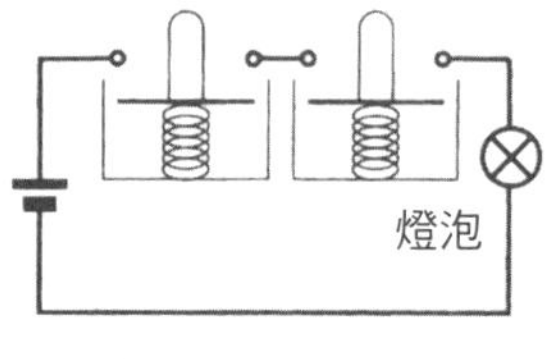

◆ 反或閘電迴路的真值表

輸入		輸出
A	B	
0	0	1
0	1	0
1	0	0
1	1	0

10 IC的邏輯電路⑤ 反及閘電路

反及閘（NAND）電路，則為及閘的否定型。

反及閘以開關的迴路表示之時，如下圖所示，呈現將反閘電路使用之開關並連的形態。在真值表中，開關的押下為1，放開為0，燈的熄滅為1，點亮為0。只有兩個開關都按下時燈才會熄滅。

從真值表上來看，與及閘迴路完全相反；換言之，是及閘的否定形態。

反及閘的邏輯符號使用的是將及閘與反閘連接的符號，或是在及閘符號上多畫一個圈。下圖所示，則是使用了反及閘電路的IC（7400）的結構。

◆ 反及閘電路的符號與 TTL ・ IC7400 的結構

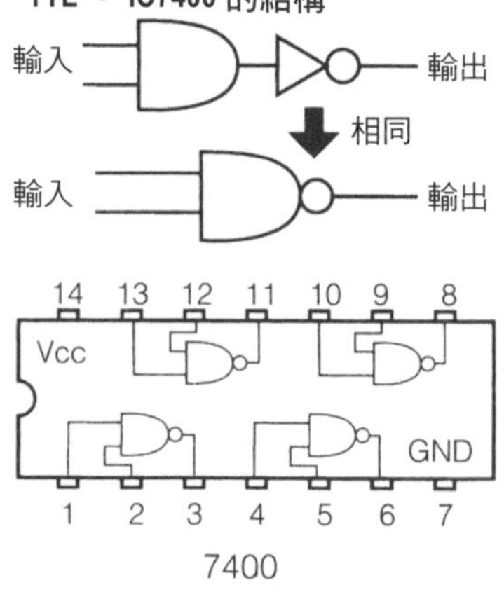

◆ 以開關表示反及閘

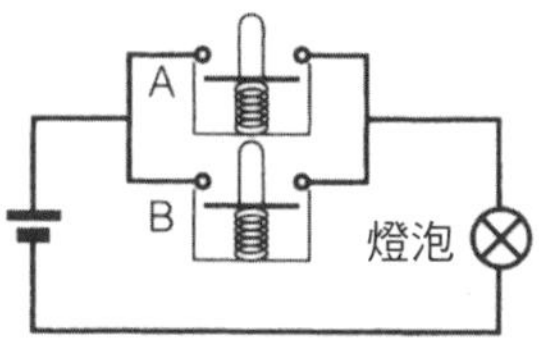

◆ 反及閘電路的真值表

輸入		輸出
A	B	
0	0	1
0	1	1
1	0	1
1	1	0

11 邏輯符號所組合的電路圖

前面已經分別說明過ＩＣ的邏輯電路，這裡所要討論的是將邏輯符號加以組合的情況。

舉例來說，下圖所示為電腦的中央處理器的資料（CPU ＝ Central Processing Unit）分別以五條線輸出的資料，並以圖中所示的方式輸入於邏輯電路之中。

每一個邏輯電路上都寫了一個數字，這些數字都是經過每一個邏輯電路之後的數值，為何會有這些數值的出現，則請參照真理值表。

近來，組合了多種邏輯電路的ＩＣ已經製造出來，並且有實際應用。

◆組合了各種邏輯符號的電路

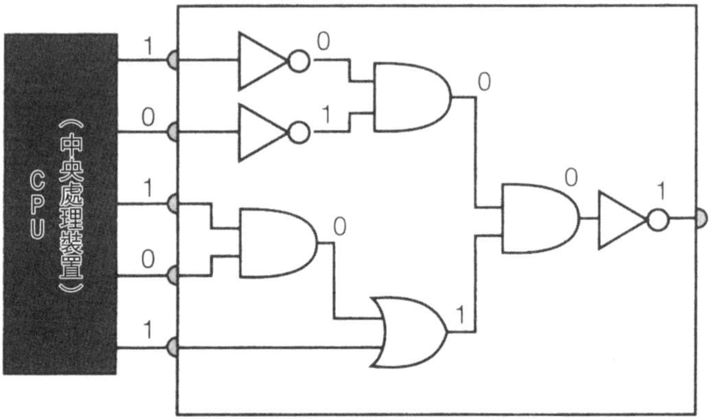

12 沿線行駛之汽車的電路

有一種玩具汽車會沿著畫在白紙上的黑線行走。這種玩具車運用的就是組合了反閘電路的ＩＣ。

首先，使用光耦合器，作為可以感知黑線的感應器。光耦合器為將發光元件與受光元件（光電晶體）加以組合的元件，光電晶體的電流輸出，會配合光強度的改變而有所不同。

舉例來說，玩具可以沿線行駛，是因為發光二極體的光被白紙反射，輸入光電晶體而流通電流。另一方面，在黑線的上方，因為發光二極體的光被吸收，光電晶體的電流無法流通。

光電晶體所流通的電流，可以控制裝置在左右兩邊的馬達，使車子回到黑線上。

左頁所示即為此種玩具的電路圖。這裡要討論的是右側的感應器（光耦合器）在脫離黑線時的情況。

首先，由於脫離黑線，光的反射使光電晶體流通電流。而且，訊號會流入ＩＣ第一號的接腳（真值為１），由於這裡是反閘電路，因此輸出為０。而且，接下來的電路也是反閘電路，又再度成為１，左側的馬達就會轉動。

根據此種的模式，玩具汽車就會修正路線而不斷前進。

◆沿線行走之感應汽車的電路圖

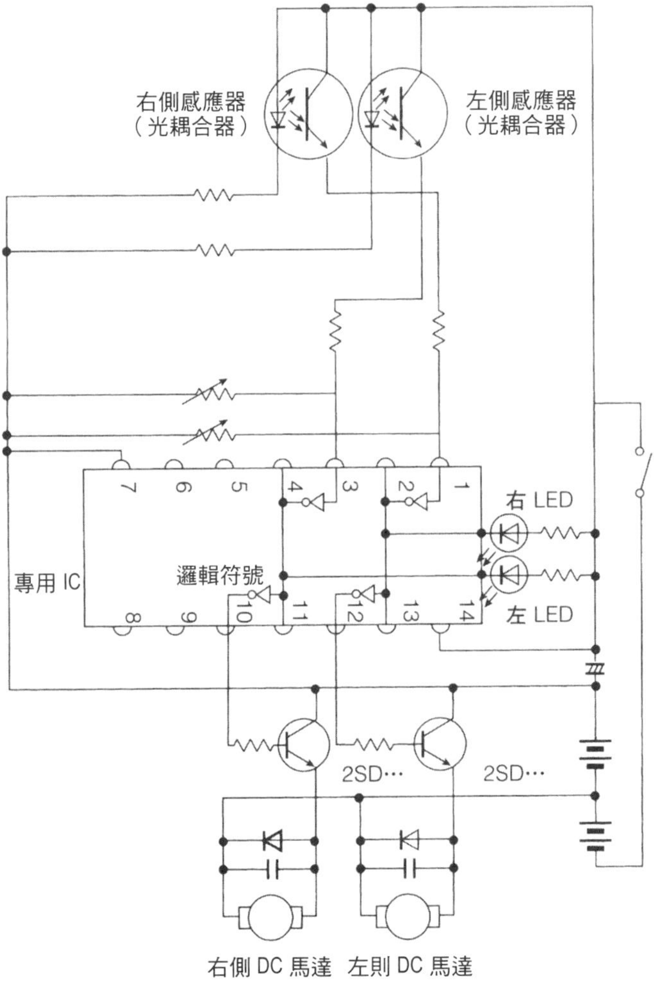

電路圖新舊符號對照表

◆電子符號

名稱	舊符號 C0301-1982 符號	舊符號 C0301-1982 摘要	新符號 C0301-1990 符號	新符號 C0301-1990 摘要
1. 回路要素 (1)電子管 三極管 （直熱陰極）	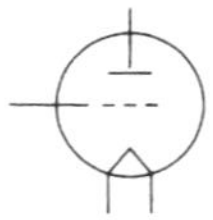	不會產生混淆的時候，表示管球的圓可以省略（以下皆同）	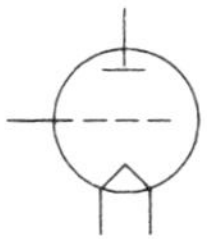 （05-11-01）	不會產生混淆的時候，表示管球的圓形可以省略（以下皆同）
三極管 （旁熱射線）	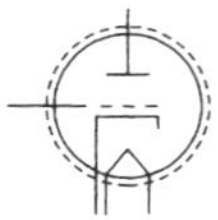	虛線表示的是屏蔽 加熱器符號若為避免複雜化可省略	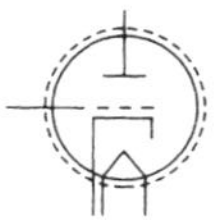	虛線表示的是屏蔽 加熱器符號若為避免複雜化可省略
頻率變換管	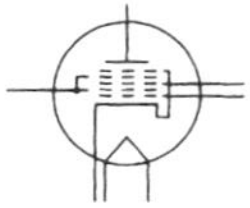		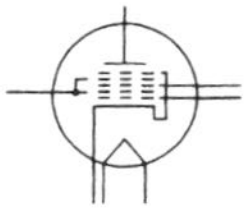 （05-11-03）	
五極管以及電子束輸出管	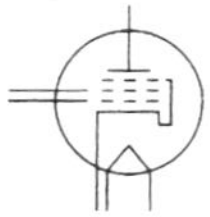		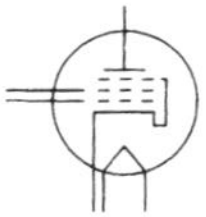	

冷陰極二極放電管及定電壓放電管	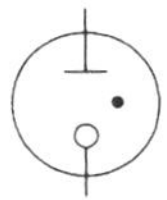		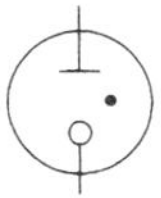 05-14-01	
霓虹燈泡	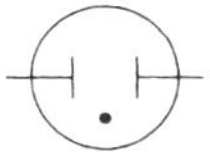		(1) (2) 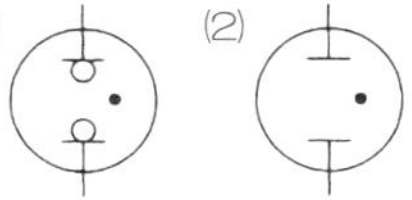 05-14-04	一般的霓虹燈以下方的記號表示  Ne 08-10-01
光電管	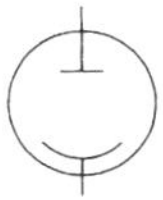		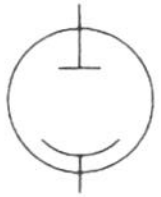 05-14-09	
複合管	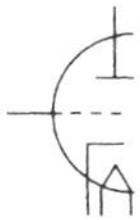	表示與三極管部分分開的情況	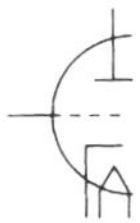	表示與三極管部分分開的情況
陰極射線管	(a) 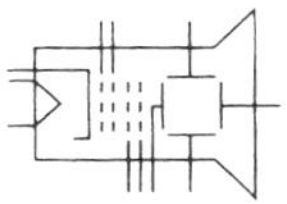	1偏向線圈靠近螢光面的部分為 X 軸用，靠近陰極的部分是 Y 軸用	(a) 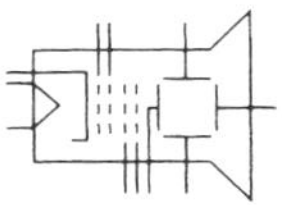	1 偏向線圈靠近螢光面的部分為 X 軸用，靠近陰極的部分是 Y 軸用

舊符號 C0301-1982			新符號 C0301-1990	
名稱	符號	摘要	符號	摘要
陰極射線管	(b) 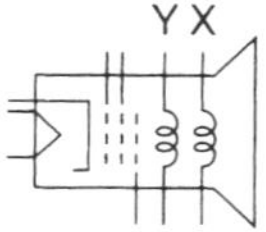	2 偏向線圈需要分開畫，或是必須加上其他電極時以下圖表示 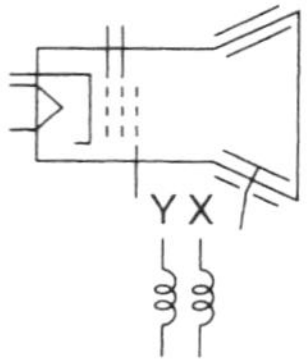 3(a)表示靜電偏向型 4(b)表示電磁偏向型	(b) 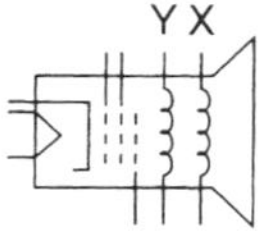	2 偏向線圈需要分開畫，或是必須加上其他電極時以下圖表示 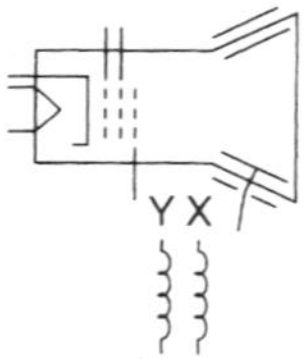 3(a)表示靜電偏向型 4(b)表示電磁偏向型
(2)半導體元件 二極體	(a) 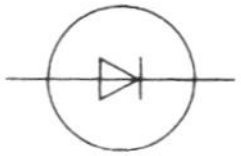 (b) 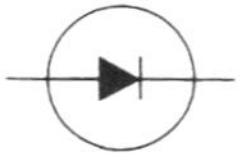	無混淆之虞時可以省略圓形的符號（以下同）	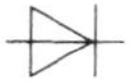 05-03-01	記號中已經拿掉表示外圍器的圓（以下同）。如果會有混淆的可能則可如下再加上圓 例 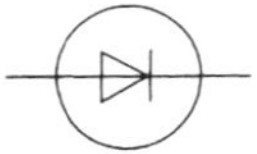

發光二極體	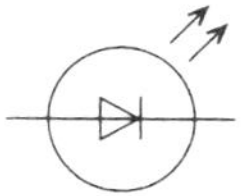		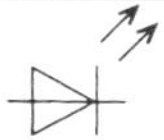 05-03-02	
雷射二極體			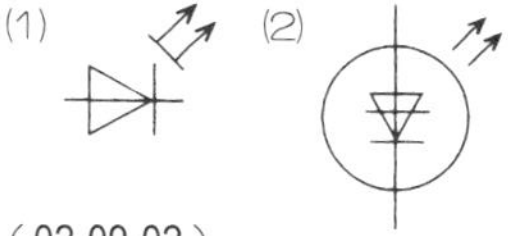 (02-09-02) (10-24-03)	
溫度依存性 二極體			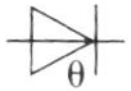 05-03-03	
可變電容量 二極體	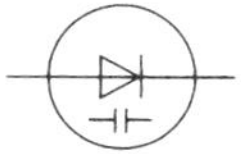		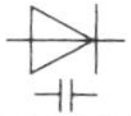 05-03-04	
透納二極體 單向性	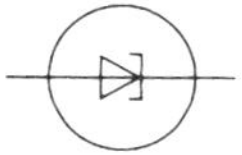		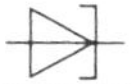 05-03-05	
降狀二極體 （穩壓二極體）	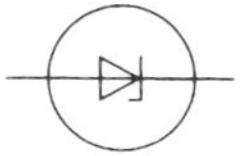		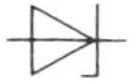 05-03-06	
三端子 閘流體 （一般）	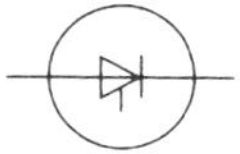		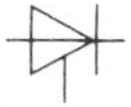 05-04-04	

舊符號 C0301-1982			新符號 C0301-1990	
名稱	符號	摘要	符號	摘要
對稱導電特性光電池	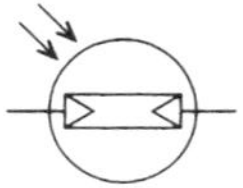		 05-06-01	
光二極體	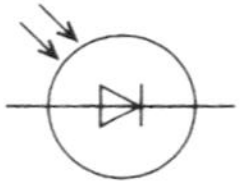		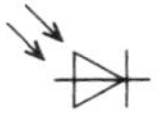 05-06-02	太陽能電池亦可適用
光電池	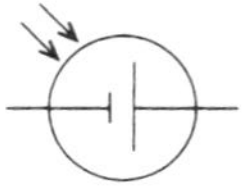		 05-06-03	
pnp 光電晶體	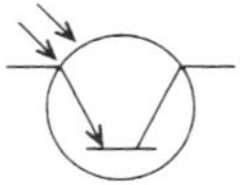		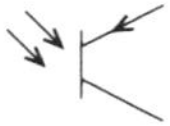 05-06-04	二端子的 pnp 型
			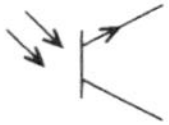 （05-06-04） （05-05-02）	三端子的 npn 型

光耦合器			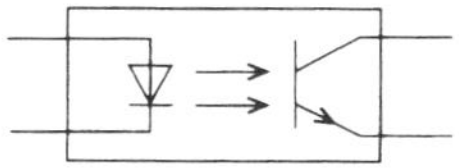 05-06-08	**參考** 光耦合器的種類很多，可以參考如下的示例 (1)電晶體輸出型 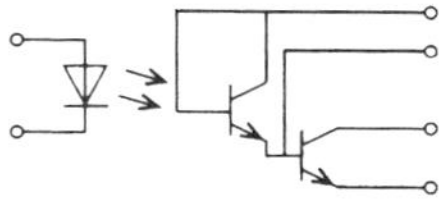 (2)達靈頓光電晶體輸出型 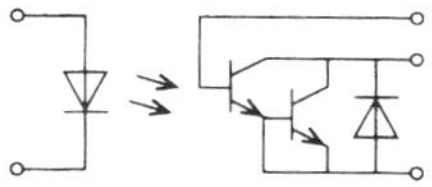 (3)另外還有輸出端具有閘流體、數位電路的類型 (4)光斷續器也包含在廣義的光耦合器中
電洞元件	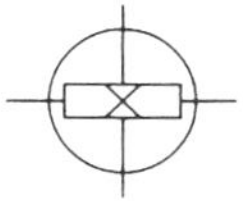	表示有四個電阻性連接之電洞元件	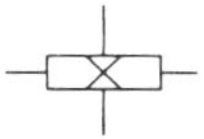 05-06-05	表示有四個電阻性連接之電洞元件
二端子雙向閘流體	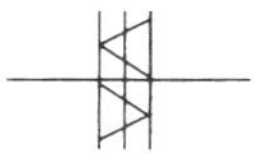	又稱為 SSS	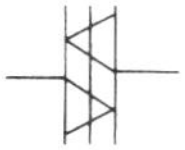 05-04-03	又稱為 SSS

舊符號 C0301-1982			新符號 C0301-1990	
名稱	符號	摘要	符號	摘要
三端子關閉閘流體（p 型閘）	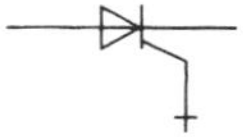	控制陰極方向	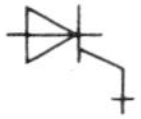 05-04-09	控制陰極方向
pnp 電晶體	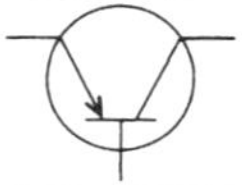		 05-05-01	
npn 電晶體	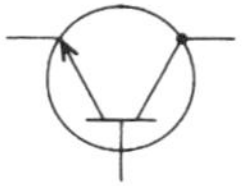	・圓點表示集極被連接於外圍器	 05-05-02	・圓點表示集極被連接於外圍器
單接合電晶體（p 型基極）	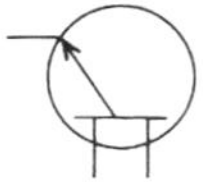		 05-05-04	
單接合電晶體（n 型基極）	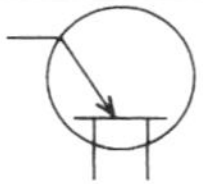		 05-05-05	
複合型場效應電晶體（n 通道型）	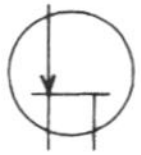	下圖所示為端子名稱 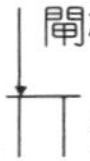	 05-05-09	下圖所示為端子名稱 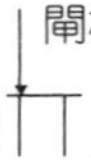
接合型場效應電晶體（p 通道型）	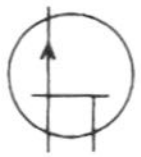		 05-05-10	

閘流體（直熱型）	(a) (b) 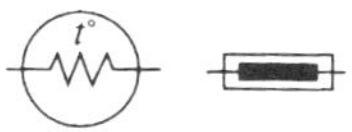		(a) (b) 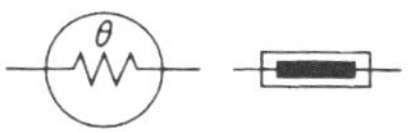	
閘流體（旁熱型）	(a) (b) 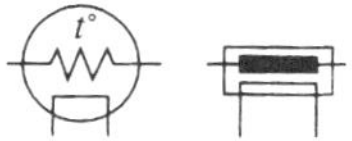		(a) (b) 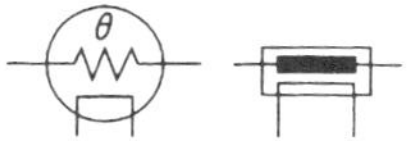	
(3)繼電器類（可以用細線表示線圈）				
繼電器線圈（一般）	(1) (2) 	1. 需表示單線圈時 (1) (2)  2. 需表示複線圈時 (a) (b) 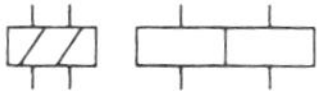 3. 三線圈以上與複線圈相同。但各線圈應分開畫	(a) (b)  07-15-01 07-15-02	1. 需表示單線圈時 (a) (b) 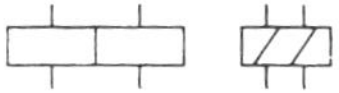 07-15-03 07-15-04 2. 需表示複線圈時 (a) (b)  07-15-05 07-15-06 3. 三線圈以上與複線圈相同。但各線圈應分開畫
單線圈（延遲復歸型）	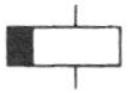	特別必要且不會混淆時，可以使用下列符號 (a)遲緩復歸型 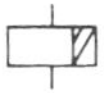	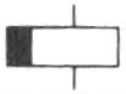 07-15-07	特別必要且不會混淆時，可以使用下列符號 (a)遲緩復歸型 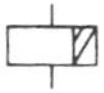
單線圈（延遲動作型）	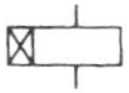		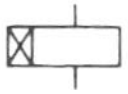 07-15-08	

<table>
<tr><th colspan="3">舊符號 C0301-1982</th><th colspan="3">新符號 C0301-1990</th></tr>
<tr><th>名稱</th><th>符號</th><th>摘要</th><th colspan="2">符號</th><th>摘要</th></tr>
<tr><td>單繞圈
（延遲復歸型及遲緩動作型）</td><td>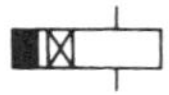</td><td>(b)延遲動作型
(c)延遲復歸型及延遲動作型
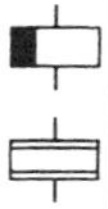</td><td colspan="2">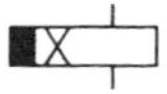
07-15-09</td><td>(b)延遲動作型
(c)延遲復歸型及延遲動作型
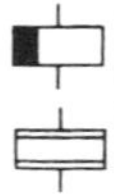</td></tr>
<tr><td>單線圈
（交流不感應型）</td><td>(1)  (2) 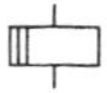</td><td></td><td colspan="2">
07-15-11</td><td></td></tr>
<tr><td>單線圈
（有極型）</td><td>(a) 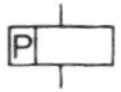 (b) 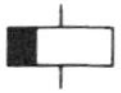</td><td></td><td colspan="2">
07-15-15</td><td>圓點表示線圈電流的流動方向與接點的移動方向
(a)單向電流動作自動復歸型
(b)雙向電流動作有中性點自動復歸型
(c)雙安定型
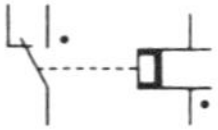
07-15-16

07-15-17
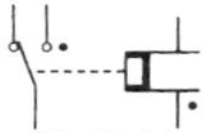
07-15-18</td></tr>
<tr><td>熱繼電器線圈</td><td>(a) 
(b) 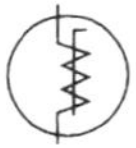</td><td>1. (a)表示非封入型，(b)為封入型
2. 需要表示端子時可採用右圖 </td><td>系列 1
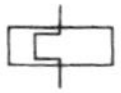
07-15-21</td><td>系列 2
(a) 
(b) 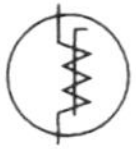</td><td>1. (a)表示非封入型，(b)為封入型
2. 需要表示端子時可採用右圖 </td></tr>
</table>

無感應 單獨線圈		需要表示端子時可以採用右圖		需要表示端子時可以採用右圖
無感應 並連線圈				
線圈始點的表示		1. 特別需要表示端子的例子 2. 表示電阻值為 200Ω的例子。不會被誤解時Ω可以省略		1. 特別需要表示端子的例子 2. 表示電阻值為 200Ω的例子，不會被誤解時Ω可以省略
電阻值的表示	200Ω		200Ω	
端子號碼的表示	1 2		1 2	
字母的表示	A		A	
電磁鐵線圈				
電磁式表示器				
格子型表示器				
(4)電源接點及插座 接續接點		1. 符號為按押的例子，彈回的情況以下圖為準 2. 接點的←與可以一表示	系列 1 07-02-04 ｜ 系列 2 切換接點	3. 在系列 1 上可以附加接點固定部 4. 系列 2 上 (a)符號為按押的例子，彈回的情況以下圖為準 例 07-02-02
斷路接點				
切換接點			07-02-07 ｜ 接續前斷路接點	

舊符號 C0301-1982			新符號 C0301-1990		
名稱	符號	摘要	符號		摘要
接續前 斷路接點		3. 表示可動彈簧的線也可以畫細 4. 要記錄端子號碼或表示組別，則如右例 K(A) 1 2 5. 表示按電源按鈕時則如右圖亦可	07-02-08	雙重接續接點	(b)接點的←也可以—表示 (c)表示可動彈簧的線也可畫細 (d)要記錄端子號碼，或表示組別，則如右例 K(A) 1 2 (e)表示按電源按鈕時則如右圖亦可
雙重接續 接點			07-02-09	二重斷路接點	
雙重斷路接點			07-02-05	雙向接點	
二線插頭 二線插座	(a) (b)	1. (a)表示插頭，(b)表示插座 2. 主要使用於電話插頭與插座之表示 3. (a)手動台等圖面之套管標示有困難時也可以下圖表示 2 線　3 線　4 線 (b)接點之←亦可—表示 (c)接點也可以分開畫	(a) 03-03-12	(a)	1. (a)表示插頭，(b)表示插座 2. 主要使用於電話插頭與插座之表示 3. 系列 2 的部分 (a)手動台等圖面之套管標示有困難時也可以下圖表示 2 線　3 線　4 線
			(b) 03-03-12	(b)	
三線插頭 三線插座	(a) (b)		(a) 03-03-13	(a)	
			(b) (IEC)	(b)	
四線插頭 四線插座	(a) (b)		(a) 03-03-12	(a)	
			(b) 03-03-12	(b)	

切斷插座	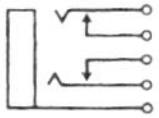		 03-03-13	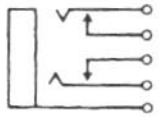	
附接點插座	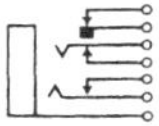		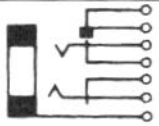 （IEC）	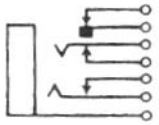	
插頭、插座（一般）	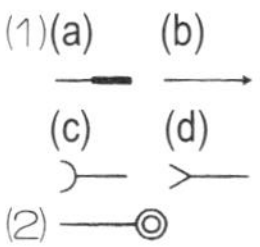	(1)的(a)及(b)表示插頭，(c)及(d)表示插座	(a) 03-03-03  03-03-01  03-03-02	(b) 03-03-04 	記號中的(a)及(b)表示插頭，(c)及(d)表示插座
(5)音響機器與振子					
麥克風	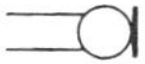	單線圖時畫成  亦可	 09-09-01		單線圖與複線圖的表示方式如下  備註：如無特別表示成下圖時，則以上圖為準
耳機			 09-09-04		
頭戴式耳機			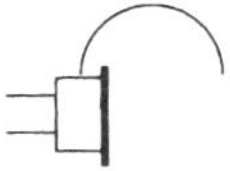 09-09-05		兩耳用則以右圖表示 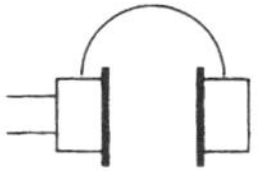
揚聲器（一般）	(1) 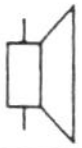 (2) 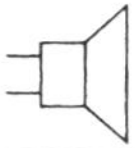	單線圖以表示亦可 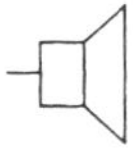	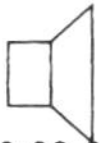 09-09-07		例：複線圖以下圖表示亦可 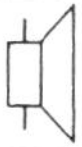 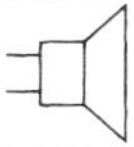

舊符號 C0301-1982			新符號 C0301-1990	
名稱	符號	摘要	符號	摘要
變換器接頭 單聲道接頭			 09-09-09	
記錄機、播放機 （一般）			 09-10-01	表示接頭的符號亦可以換成其他的輔助符號
鈴	(1) (2) 	(1)在單線圖中  亦可以表示	(1) (a)  (b)  08-10-06 08-10-07 (2) 	
蜂鳴器	(1) (2) 	(1)在單線圖中亦 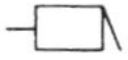 可以表示	   08-10-10 08-10-11	
振盪器	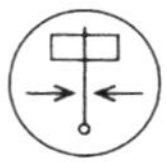	接點構成需要表示結線的時候 例：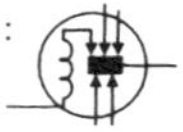	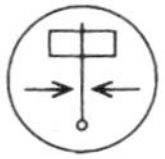	接點構成需要表示結線的時候 例：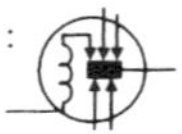
喇叭			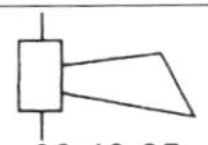 08-10-05	
警笛			 08-10-09	
音叉				

石英振盪器	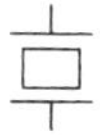		 04-07-01	
參變管		1. 延伸線的左側為輸入側，右側為輸出側 2. 需要表明激振相位時則可附記 I II III 之相位別 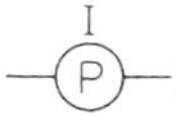		1. 延伸線的左側為輸入側，右側為輸出側 2. 需要表明激振相位時則可附記 I II III 之相位別 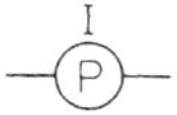
電容器麥克風			 09-09-02	
揚聲器麥克風			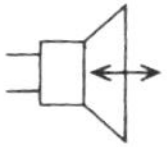 09-09-08	
可動線圈型揚聲器	(1)  (2) 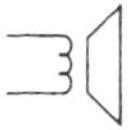	亦可畫成下圖 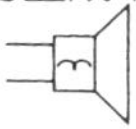	(1) 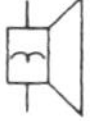 (2) 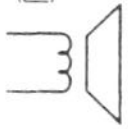	亦可畫成下圖 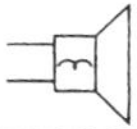
播放針頭（單聲道）	(1)  (2) 	如有必要，使用下的記號亦可  或 PU  或 CU	(1)  (2) 	如有必要，使用下的記號亦可 拾音器  或 CU 截斷器 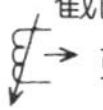 或 PU
感光式讀取（播放）頭（單聲道）			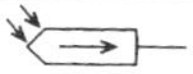 09-09-11	
變調發光式寫入（錄音）頭				

舊符號 C0301-1982			新符號 C0301-1990	
名稱	符號	摘要	符號	摘要
受發光式讀取（播放）頭				
受發光式記錄播放頭				
壓電式記錄或播放頭			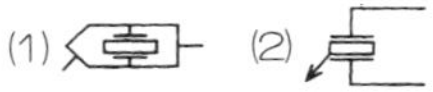	
磁力寫入頭（單聲道）	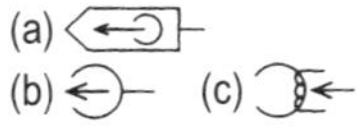		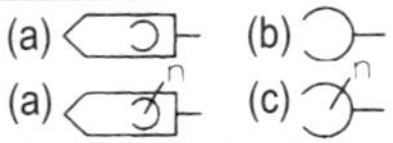 09-09-13 09-09-14	(b)表示簡略的符號
磁軌式記錄與播放機	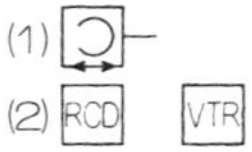			如有必要，可以如下的方式區別 
(6)產生器、變換裝置、擴大器 產生器（非轉動型）（一般）			 06-16-01 10-13-01	需要區分正弦波、鋸齒波、脈衝時 (a)500Hz 正弦波產生器 (b)500Hz 齒波產生器 (c)脈衝產生器 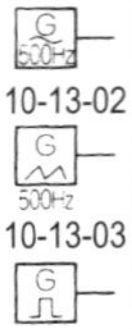 10-13-02 10-13-03 10-13-04
振盪器				
水晶振盪器	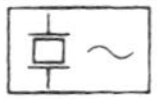		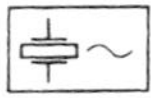	

諧波產生器	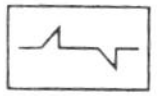		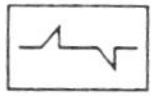	
變換裝置 （一般）		箭頭所示為變換方向 例：從 f_1 變成 f_2 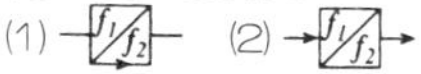	 02-17-06	箭頭所示為變換方向 例：從 f_1 變成 f_2 
倍增器			 10-14-03	
遞減器			 10-14-04	
頻率辨別器				
放大器 （一般）	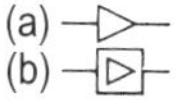	1. 有放大控制的時候 2. 有兩方向之放大機能時雙向中繼器 	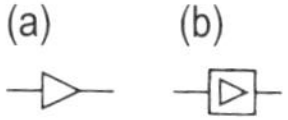 10-15-01　10-15-02	1. 有放大控制的時候 2. 有兩方向之放大機能時雙向中繼器 
⑺四端子網、終端器或調制器 電阻衰減器	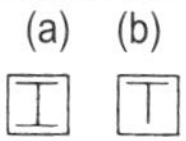	表示可變可以下圖表示 	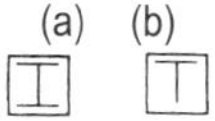	表示可變可以下圖表示 
衰減器	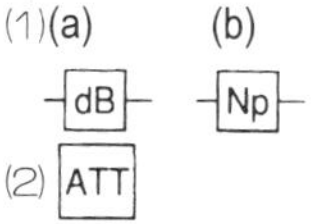	1. 必要時，可以記入衰減量 2. 可變衰減器則以下圖表示 	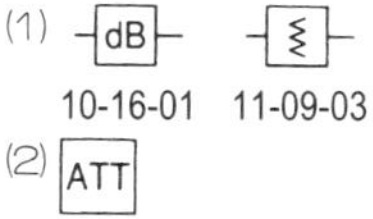	1. 必要時，可以記入衰減量 2. 可變衰減器則以下圖表示 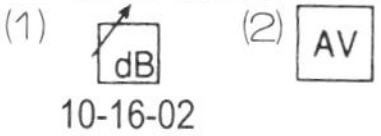
混合波導連結	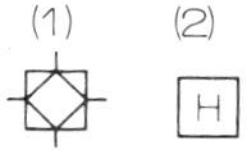		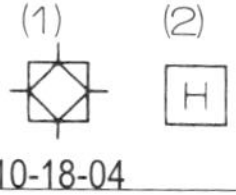	

舊符號 C0301-1982			新符號 C0301-1990	
名稱	符號	摘要	符號	摘要
中斷線圈	(a) (b) 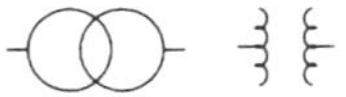		(a) (b) 	
調制器、復調器（一般）	(1) 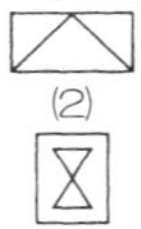 (2)	1. 特別需要的時候可以附記調制或復調的符號 2. 需要表示輸出入符號則如下 X：調制（復調）波輸入 Z：載波 Y：調制（復調）波輸出 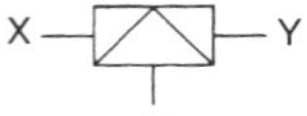	(1) 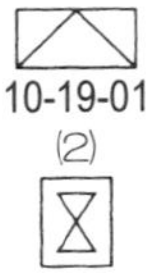 10-19-01 (2)	1. 特別需要的時候可以附記調制或復調的符號 2. 需要表示輸出入記號則如下 X：調制（復調）波輸入 Z：載波 Y：調制（復調）波輸出 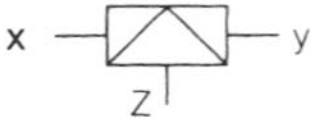
檢波器	(1) (2) 		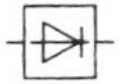	
2. 通信網 迴路、傳送路（一般）	(1)迴路	表示迴路或是傳送路線（有線或無線）	03-01-01	表示迴路或是傳送路線（有線或無線）
無線迴路、無線區間		特別需要標明固定、移動之區別時則表示如下 (a)固定無線迴路  (b)移動無線迴路  另外 基地台 移動台 		特別需要標明固定、移動之區別時則表示如下 (a)固定無線迴路  (b)移動無線迴路  另外 基地台 移動台 

(2)電話機

電話（一般）	(1) 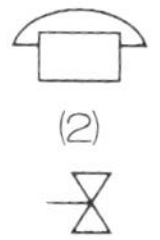 (2)	需要區別時可以使用輔助記號 例如 1 撥盤式　例如 2 按鍵式 	(1) 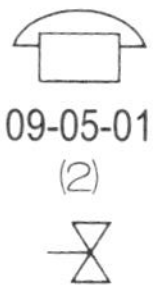 09-05-01 (2)	需要區別時可以使用輔助記號 (a)撥盤式　(b)按鍵式 (註) 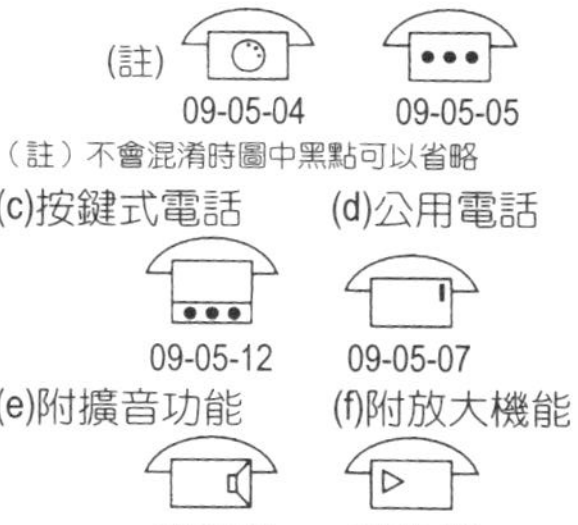 09-05-04　09-05-05 （註）不會混淆時圖中黑點可以省略 (c)按鍵式電話　(d)公用電話 09-05-12　09-05-07 (e)附擴音功能　(f)附放大機能 09-05-09　09-05-10
送話器	(1) (2) (a) (b) 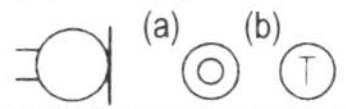	(1)單線圖時以下圖記之 	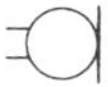 09-09-01	表示連接線的時候
受話器	(1) (2) 		 09-09-04	表示連接線的時候
鉤式開關				
撥盤	(a) (b) 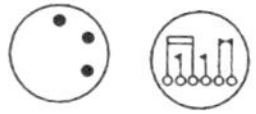	接點分開的時候，要使用機械接點的標示 例： 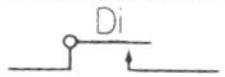	(a) (b) 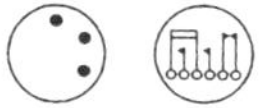	接點分開的時候，要使用機械接點的標示 例： 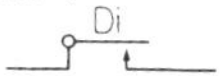
按鍵式撥盤				
電鈴			(a) (b)  08-10-06　08-10-07	

<table>
<tr><th colspan="3">舊符號 C0301-1982</th><th colspan="2">新符號 C0301-1990</th></tr>
<tr><th>名稱</th><th>符號</th><th>摘要</th><th>符號</th><th>摘要</th></tr>
<tr><td>(3)交換
滑動片</td><td>(1)
(a) (b)
</td><td>1. (a)表非橋接型
(b)表橋接型</td><td>(1)
(a) (b)
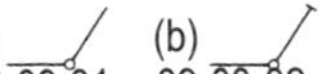
09-03-01 09-03-02</td><td>1. (a)表非橋接型
(b)表橋接型</td></tr>
<tr><td>滑動片</td><td>(2)
(a) (b)
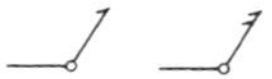</td><td>2. (2)須在必要及不會產生混淆的範圍內使用</td><td>(2)
(a) (b)
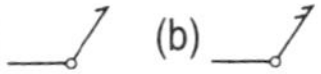</td><td>2. (2)須在必要及不會產生混淆的範圍內使用</td></tr>
<tr><td>觸排</td><td>(1) (a) (b)
(2) (a) (b)
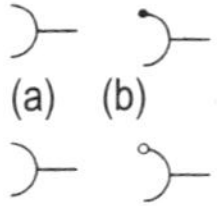</td><td>(1)內部(a)表示觸排（一般），(b)表示定位型
(2)的(a)表示無定位型，(b)表示定位型</td><td>(a) (b)

09-03-03 09-03-05</td><td>(a)表示觸排（一般），(b)表示定位型
(a)表示無定位型，(b)表示定位型</td></tr>
<tr><td>觸排接要</td><td>(a) (b)
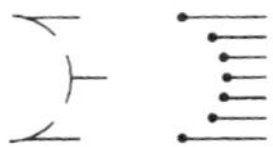</td><td>1. (a)表示群別輸出
(b)表示個別輸出
2. 與滑動片組合的例子
(1) (2)
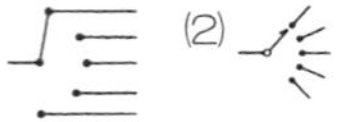</td><td>(a) (b)

09-03-06 09-03-07</td><td>1. (a)表示群別輸出，(b)表示個別輸出
2. 與滑動片組合的例子
(1) (2)
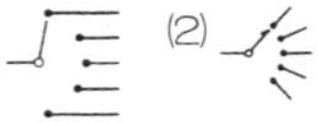
09-04-02</td></tr>
<tr><td>(4)天線
天線
（一般）</td><td>(1) (2)
</td><td></td><td>(1) (2)

10-04-01</td><td>依據 ITU 無線規範使用文字做為補助記號亦可

Turnstile.
10-04-09</td></tr>
</table>

八木宇田式天線	(a)  (b) 	1. (a)為水平型 (b)為垂直型 2. 需要表示旋轉型時則以下圖示之 例：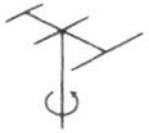		1. 圖中的符號為水平型，其次是垂直型  2. 需要表示旋轉型時則以右圖示之 例 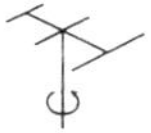
槽型天線	(1) 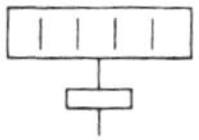 (2) 	1. 符號表示的是附有方形導波管 2. 包含鐵塔式天線	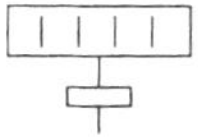 10-05-10	1. 符號表示的是附有方形導波管 2. 包含鐵塔式天線
電磁圓錐型	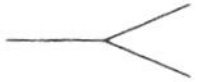		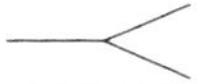 10-05-11	
碟型天線	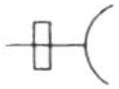	附有方形導波管	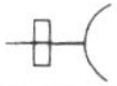 10-05-13	附有方形導波管
圓錐型反射天線		附有圓形導波管	 10-05-14	附有圓形導波管

新舊符號對照表

◆共通記號、電力機器用記號

	舊符號 C0301-1982		新符號 C0301-1990	
名稱	符號	摘要	符號	摘要
直流	——	例 Ⓐ Ⓖ	—— 02-02-01	直流電流表 直流發電機 Ⓐ Ⓖ （IEC） （IEC）
交流	～	例 Ⓐ Ⓖ	～ 02-02-04	直流電流表 直流發電機 Ⓐ Ⓖ （IEC） （IEC）
高頻	(1) ≋ (2)	表示聲頻 ≋ 表示電力用頻率 ～	≋ 02-02-11	高頻 無線頻率 影像頻率
導線	——	1. 廣泛使用於電線或是母線等 2. 必要時可以粗細區別 3. 需要明示導體根數時可以如下方式表示 (a) (b) (c) 2 條 3 條 4 條	—— 03-01-01	1. 廣泛使用於電線或是母線等 2. 必要時可以區別粗細 3. 需要明示導體根數時可以如下方式表示 (a)三根 03-01-02 (a)n 根（圖中為三根） 3 03-01-03
束線		1. 斜線部分可以用圓弧表示 2. 曲線表示配線的方向		1. 斜線部分可以用圓弧表示 2. 曲線表示配線的方向

連接線	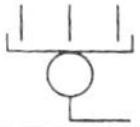	1. ○中可以記入對照號碼 2. 不需要號碼時可以省略○	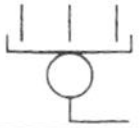	1. ○中可以記入對照號碼 2. 不需要號碼時可以省略○
端子	(a) (b) 		○ 03-02-02	
接點			● 03-02-01	
導線的分叉	(a) (b) 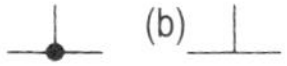		(1) (2)  03-02-04 03-02-05	以(1)為優先
導線的交叉 （連接的時候）		也可以用下圖表示 	(1) (2)  03-02-06 03-02-07	
導線的交叉 （不連接的時候）				
接地				
連接外箱		不會發生誤解時可以將斜線省略	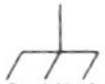 02-15-04	不會發生誤解時可以將斜線省略  （IEC）
表示可變的一般符號			 02-03-01	
非線性可變			 02-03-02	
半固定調整			 02-03-05	調整的狀態資料，可以表示於記號附近 例：零電流調整  $I=0$ 02-03-06
連續可變	(a) (b) 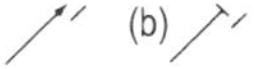		 02-03-09	例 1：連續可變  （IEC）

舊符號 C0301-1982			新符號 C0301-1990	
名稱	符號	摘要	符號	摘要
連續可變				例 2：半固定連續可變 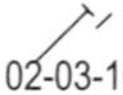 02-03-10
步進可變	(a)  (b) 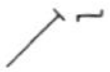	想明示步進數的表示  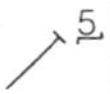	 02-03-07	例：圖中示例為五步 
表示連動的一般符號	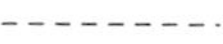	連動可變靜電容量或電容器 	 02-12-01	例 1：連動可變靜電容量或電容器  （IEC） 例 2：連動可變電阻 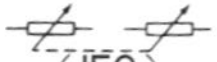 （IEC）
電阻或是電阻器	(a) 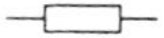 (b)  (c) 	1. (b)、(c)在特別必要的時候可以改變符號中的曲折數 2. (c)特別用於表示無感應的情況	(a) 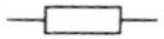 04-01-01 (b)  04-01-02	1. (b)在特別必要的時候可以改變符號中的曲折數 2. 特別需要表示無感應電阻則以下圖表示 
可變電阻或是可變電阻器	(a)  (b)  (c)  (d) 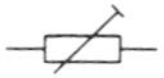	 亦可使用 (a)為可變電阻或是一般可變電阻器 (b)為連續可變電阻或連續可變電阻器 (c)為步進可變電阻或步進可變電阻器 (d)為預設電阻或是預設電阻器	(a)  04-01-03 (b) （IEC） (c) 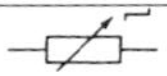（IEC） (d) 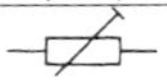（IEC）	 亦可適用

附分支電阻器	(a) (b) 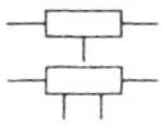		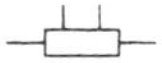 04-01-09	
繞組或是線圈	(1) (2) 	1. 特別需要時圖中可改變曲折數 2. (2)的部分為了避免與電阻混淆亦可用線圈表示	(a) 04-03-01 (b) 04-03-02 	1. (a)的部分在需要時可以改變圖中曲折數
電感或是電抗器	(a) (b) 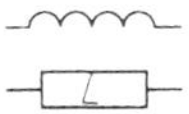	1. (a)的部分在需要時可以改變圖中曲折數 2. 為了避免與屏蔽混淆可將裝有鐵心的記號表示如下  3. 在電力用部門表示線圈時以下圖示之  4. 特別需要表示裝有鐵心則可以下圖表示 	(a) 04-03-01 (b) 04-03-02 	1. (a)的部分在需要時可以改變圖中曲折數 2. 特別需要表示裝有鐵心則可以下圖表示 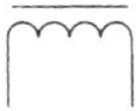 04-03-03
可變電感		特別表示加入鐵心時	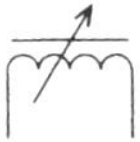 (IEC)	
附分支電感			 04-03-06	表示分支的時候

舊符號 C0301-1982			新符號 C0301-1990	
名稱	符號	摘要	符號	摘要
相互電感 或是變壓器	(1) (2) 	1. 需要的時候可以改變圖中曲折數 2. 特別需要表示裝有鐵心則可以下圖表示 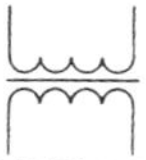 3. (2)只限於變壓器使用	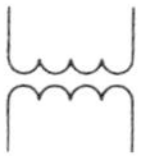 06-09-02	1. 有關變壓器（變成器）参照 II .3 2. 需要的時候可以改變圖中曲折數 3. 特別需要表示裝有鐵心則可以下圖表示 （附屏蔽） 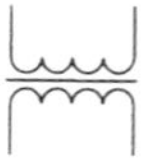 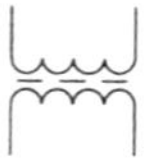 （IEC） 06-10-02
可變相互電感	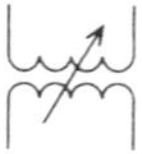		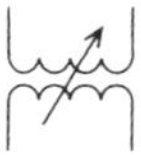 06-10-06	
靜電容量 或電容器	(a)  (b) 	1. 兩極的間隔為極長的 1/5～1/3 2. (b)的部分為了使用時與電極區別，因此以圓弧表示電極 (i) 固定紙以及陶瓷電容器為外側電極 (ii) 可變電容器為可動電極 (iii)貫通型電容器為低電側	(a)  04-02-01 (b)  04-02-02	1. 兩極的間隔為極長的 1/2～1/3 2. (b)的部分為了使用時與電極區別，因此以圓弧表示電極 (i) 固定紙以及陶瓷電容器為外側電極 (ii) 可變電容器為可動電極 (iii)貫通型電容器為低電側
電容器 （無極性）	（1-a）  （1-b）  (2) 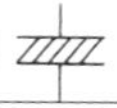	(2)的部分如果確定屬於電解電容器，則斜線可以省略		

電解電容器 （有極性）	（1-a） （1-b） 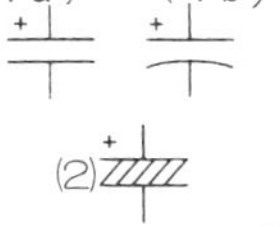 ⑵	⑵的部分如果確定屬於電解電容器，則斜線可以省略	(a) (b) 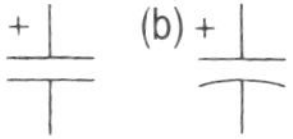 04-02-05 04-02-06	例：電解電容器
半固定電容器	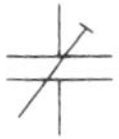		(a) (b) 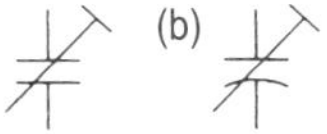 04-02-09 04-02-10	
可變靜電容量或是電容器	 (a) (b)	1. 特別需要與轉子區別時  2. 特別表示可變平衡型電容器時  C1 =C2 3. 特別表示可變差動靜電容量或電容器時則如下表示 	(a)  04-02-07 (b)  04-02-08	1. 特別表示可變差動靜電容量或可變電容器時則如下表示 (a) (b) 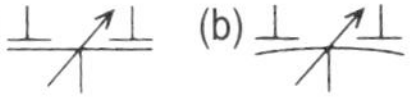 04-02-11 04-02-12 2. 特別表示可變平衡型電容量或是可變平衡型電容器時則如下表示 (a) (b) 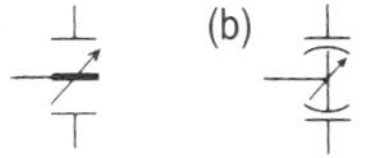 04-02-13 04-02-14
阻抗				
可變阻抗	(a) (b) 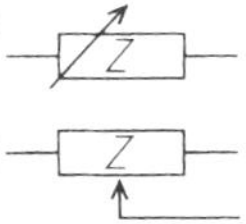			

名稱	舊符號 C0301-1982 符號	舊符號 C0301-1982 摘要	新符號 C0301-1990 符號	新符號 C0301-1990 摘要
電池或 直流電流		1. 極性以長線為陽極，短線為陰極 2. 容易出錯時可以右圖表示  3. 多電池連接時可以下圖表示 (a)  (b)  （三個的時候） 4. 附分支時以下圖表示 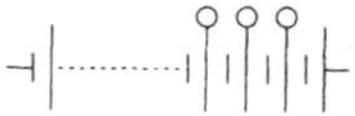 5. 可變電壓以下圖表示 	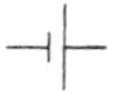 06-15-01	1. 極性以長線為陽極，短線為陰極 2. 容易出錯時可以右圖表示 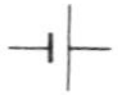 3. 多電池連接時可以下圖表示 (a)（三個的時候） (b)   4. 附分支時以下圖表示  （IEC） 5. 可變電壓以下圖表示  （IEC）
整流機能 及整流器	(a) (b) 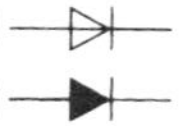	正三角形之箭頭方向表示電流流通的方向	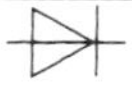 05-03-01	正三角形之箭頭方向表示電流流通的方向
交流電流		需表示相數、頻率以及電壓時的例子 例：1. 3～50Hz 2. 3～50Hz200V	 （IEC）	需表示相數、頻率以及電壓時的例子 例：1. 3～50Hz 2. 3～50Hz200V
電源插頭	(a) (b) 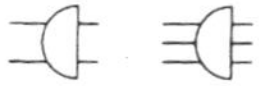	1. (a)表二極 2. (b)表三極	(a) (b) 	1. (a)表二極 2. (b)表三極

旋轉機械	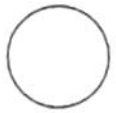	1. ○可以填入表示種類的符號 例 發電機　電動機　（可逆型）電動發電機  2. 需要分交流、直流則以下圖記之 	 06-04-01	○可填入表示種類的符號 C…同步變換機 G…發電機 GS…同步發電機 M…電動機 MG…電動發動機 MS…同步電動機 MGS…同步發電電動機
機械或裝置	(a)　(b) 	 可寫上表示種類的文字或是符號	(a)　(b)　(c) 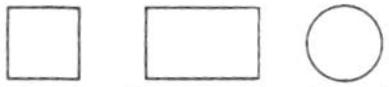 02-01-01　02-01-02　02-01-03	可填入表示種類的文字或是符號
屏蔽		例 	 02-01-07	亦可以右圖的方式表示 
開關	(1)　(2) 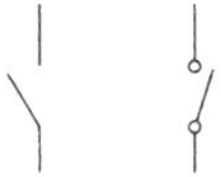		a 接點（接續接點） 系列 1　系列 2 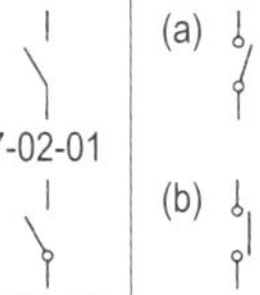 07-02-01 07-02-02 b 接點（斷路接點） 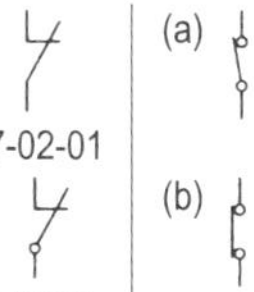 07-02-01 （IEC）	1. 下為接點符號橫向書寫的例子 系列 1　系列 2 a 接點 b 接點 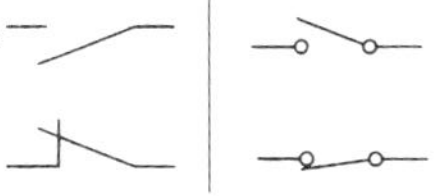 2. 用於電力用接點、繼電器接點、輔助開關接點

舊符號 C0301-1982			新符號 C0301-1990		
名稱	符號	摘要	符號		摘要
切換開關	(1) (2) 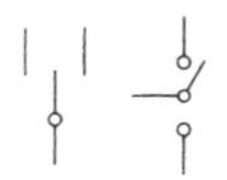		雙向接點 系列 1  07-02-05	系列 2 (a) 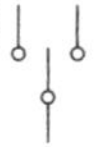 (b) 	下例所示為左側彈簧復位，右側手動復位的情況  07-06-04
多段旋鈕開關	(1) (2) 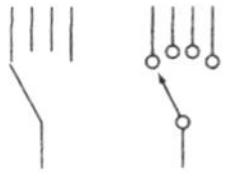		(a)  07-11-05 (b) 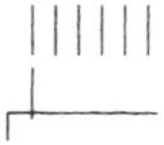 07-11-04	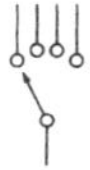	1. 多段旋鈕開關（Muti-position Switch）一般是以旋鈕操作，不會自動恢復。如果例外則有必要加以表示 2. 接點數則如例中所示 3. 關於系列 1 (a)切換位子在四個以下時使用(a) (b)切換位子超過四個以上時使用，(b)圖中是六個之子
量錶		1. ○可以填入表示種類的文字或是符號 例 電壓錶 電流錶 電力錶   	 08-01-01		1. ○可以填入表示種類的文字或是符號 例 V…電壓錶 A…電流錶 W…電力錶

量錶		2. 特別需要區別直流、交流、頻率時則以下圖記之 		2. 特別需要區別直流、交流、頻率時則以下圖記之 直流  （IEC） 交流  （IEC）
記錄器			 08-01-02	□中可以填入表示種類的文字或符號 例 V…電壓記錄器 A…電流記錄器 W…電力記錄器
電度表			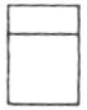 08-01-02	□中可以填入種類的文字或符號 例：Wh…電力量計
放電間隙		3 點間隙可以如下表示 	 07-22-01	3 點間隙可以表示 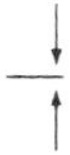 07-22-02
避雷器			 07-22-03	
熱電偶	(1) 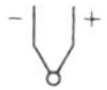	1. 特別表示直熱型電熱偶的時候  2. 特別表示旁熱型電熱偶的時候 	(1)  08-06-01	1. (2)的圖表示的是陰極 2. 特別表示直熱型熱電偶時，可以做如下表示 (a)  08-06-03 (b)  08-06-04

舊符號 C0301-1982			新符號 C0301-1990	
名稱	符號	摘要	符號	摘要
熱電偶	(2) 	3. 特別表示真空直熱型熱電偶  4. 特別表示真空旁熱型熱電偶  5. 需要表示陰極的時候，可以在旁邊寫上「＋」「－」，或者在負極的部分劃上粗線  6. 表示加熱器時可以用以下的符號 	(2)  08-06-02	3. 特別需要表示旁熱型熱電偶的時候可以如下表示  08-06-05 08-06-06
警報保險絲	(1)  (2) 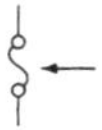		(1) 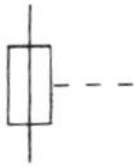 07-21-03 (2) 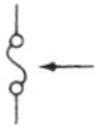	1. 在(1)的部分如果附有警報器保險絲的時候，可以如下表示 (a)接點與主電路共通的三端子情況 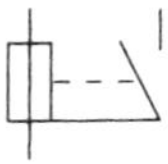 07-21-04 (b)接點獨立的二端子的情況 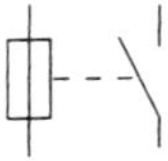 07-21-05 2. (2)表示開放型

保險絲	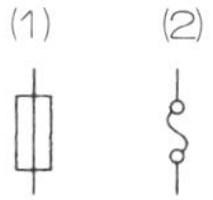	1. 電源側以粗線表示  2. ⑵表示開放型	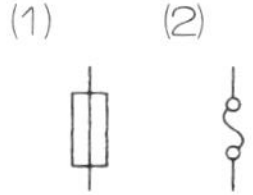 07-21-01	1. 電源側以粗線表示 2. ⑵表示開放型  07-21-02
燈泡	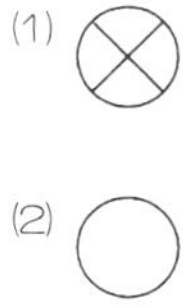	⑴之摘要 1. 要明示顏色時可以將色碼寫在符號旁 C2-紅，C5-綠，C3-黃紅，C6-藍，C4-黃，C9-白 2. 要明示種類時可將如下的記號寫在旁邊 Ne-霓虹，EL-電子發光，Xe-氙，Na-鈉，ARC 弧光，Hg-水銀，FL-螢光，I-碘，IR-紅外，IN 白熾，UV-紫外 ⑵之摘要 特別需要區別顏色時，可以以下圖的方式記之。紅是 RL，黃紅是 OL，黃是 YL，綠是 GL，藍是 BL，白是 WL，透明是 TC RL 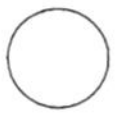	 08-10-01 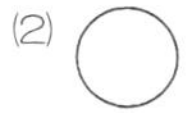	1. 要明示顏色時可以將色碼寫在符號旁 RD…紅 YE…黃 GN…綠 BU…藍 WH…白 2. 要明示種類時可將如下的符號寫在旁邊 Ne…霓虹　LED…發光二極體 Xe…氙　EL…電子發光 Na…鈉 Hg…水銀　ARC…弧光 I…碘　FL…螢光 IN…白熾　IR…紅外 UV-紫外 特別需要區別顏色時，可以如下圖的方式記之 紅是 RL，黃紅是 OL，黃是 YL，綠是 GL，藍是 BL，白是 WL，透明是 TC RL 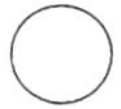

舊符號 C0301-1982				新符號 C0301-1990		
名稱	符號 單線圖用	符號 複線圖用	摘要	符號 單線圖用	符號 複線圖用	摘要
1. 轉動機械 線圈 （一般）	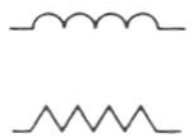		如果必要的時候，符號中的曲折數目可以改變 整流用的補償線圈 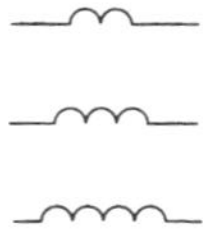 	 04-03-01	 04-03-02	1. (a)如果必要時，符號中的曲折數目可以改變
直流直卷 電動機 （發電機）	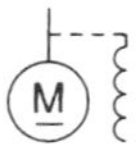 	 	1. 左圖如果是發電機則以 Ⓖ 表示 2. 虛線部分表示連接電阻器，否則以實線表示 3. 補極線圈或是補償線圈可以配合需要追加	 （06-05-01）	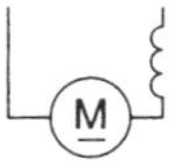 06-05-01	下圖所示為發電機的例子 Ⓖ （IEC）
直流分卷 電動機 （發電機）	 	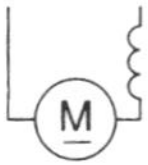 	1. 左圖如果是發電機則以 Ⓖ 表示 2. 補極線圈或是補償線圈可以配合需要追加	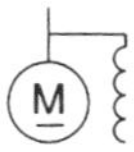 （IEC）	 06-05-02	1. 下圖所示為發電機的例子 Ⓖ （IEC） 2. 下圖所表示的是連接電阻器的例子  （IEC） 3. 補極線圈或是補償線圈可以配合需要追加

同步電動機 （發電機）	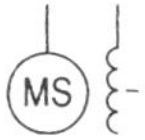	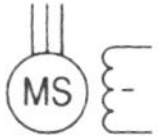	1. 左圖的例子如果是發電機則以 (GS) 表示 2. 由各相位引出時，可以用下圖的任何一個表示  3. ⅄結線沒有中心引出點的時候，以下列的左圖表示，有則以右圖表示 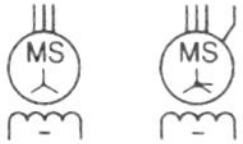 4. 必須記入端子、電刷、定額事項時以下圖記之 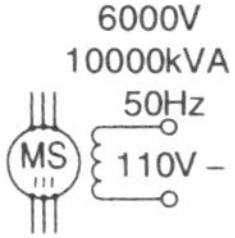	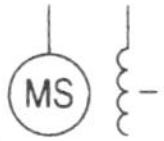 （IEC）	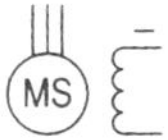 （IEC）	1. 同步發電機的圖示 同步發電機的圖示 (GS)（06-04-01） 同步發電電動機的圖示 (MGS) 同步調相機的圖示 (CS)（06-04-01） 2. 以下各圖表示的是各相位兩端引出的情況  （IEC）（IEC）（IEC） 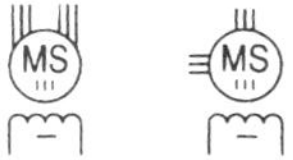 （IEC）（IEC） 3. Y結線且無中性點的時候以右圖示之 （IEC） 4. 同樣的，有中性點時以右圖示之 （IEC） 5. 必須記入端子、電刷、定額事項時以右圖記之 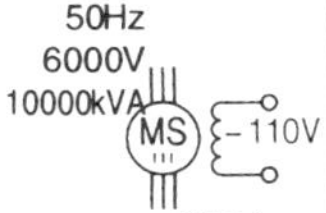（IEC）

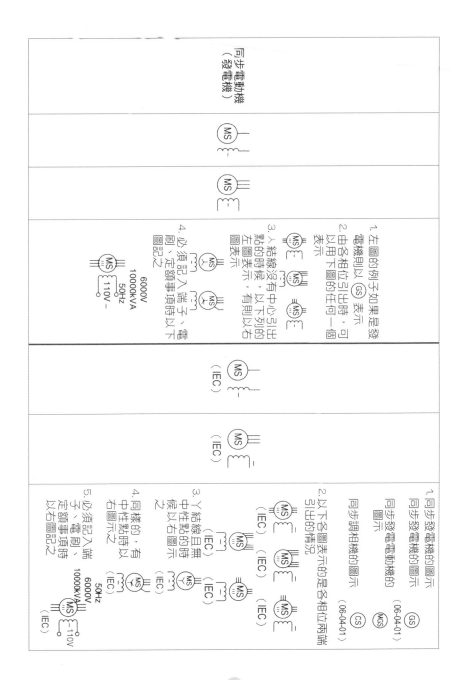

	舊符號 C0301-1982			新符號 C0301-1990		
名稱	符號 單線圖用	符號 複線圖用	摘要	符號 單線圖用	符號 複線圖用	摘要
感應可達（一般）	鼠籠型 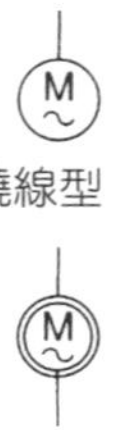 繞線型	鼠籠型 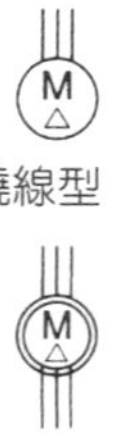 繞線型	1. 左圖若為發電機則可以 Ⓖ 表示 2. 需要表示滑環、端子、定額事項時，可以下圖表示 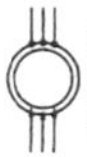 500V 20kW 50Hz 3. 複線式的圖中，三相機所採用的線圖	單相感應電動機（鼠籠型）  （IEC） 三相感應電動機（鼠籠型）  （06-08-01） 感應電動機（繞線型）  （06-08-03）	 （IEC）  06-08-01  06-08-03	1. 圖示為發電機  （06-04-01） 2. 需表示滑環、端子、定額事項時  50Hz 500V 20kW （IEC） 3. 各項兩端引出的情況可以下圖示之 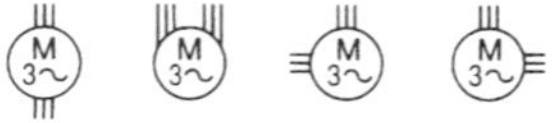 （IEC） （IEC） （IEC） （IEC）
三相分卷整流子電動機						
2. 變壓器 變壓器（一般）	(a)  (b) 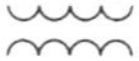 (c) 			 （IEC）	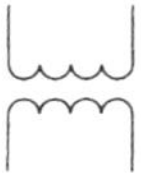 （IEC）	下圖所示為以單線圖表示導體數及相數 導體數  （IEC） 相數  （IEC）

單相變壓器 （二線圈）	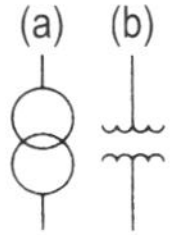	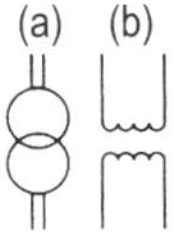	下圖所示為以單線圖表示導體數及相數 （二線圈的情況） 例 1　例 2 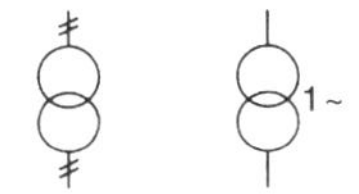 （三線圈的情況） 例 1　例 2 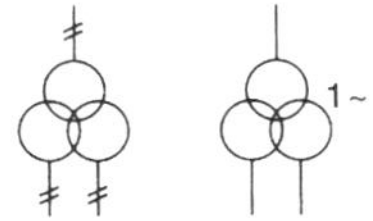	 06-09-01	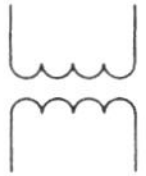 06-09-02	例中所示為單相三線式 （單線圖用）  （複線圖用） 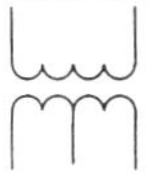 06-10-04 下圖所示為表示極性 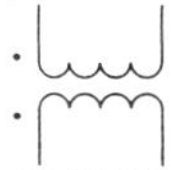 06-09-03
單相變壓器 （三線圈）	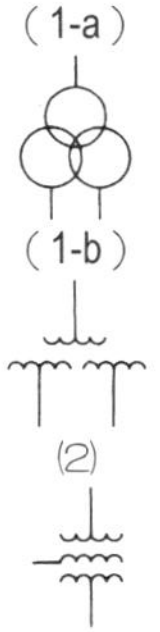					
三相變壓器 （二線圈）	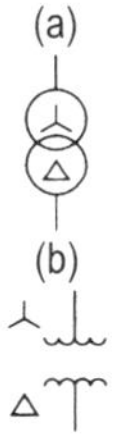	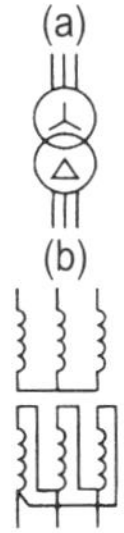	1. 表示 ⅄△ 連接的時候 2. 在複線圖中可以用並排的方式表現。若是需要區別單相三台，可以用 [---] 框住表示三相變壓器 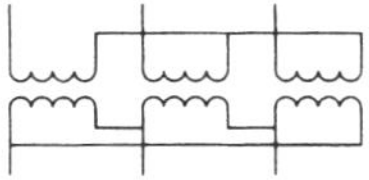	 （06-10-07）	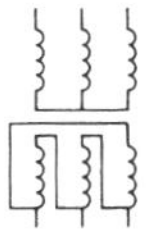 （06-10-08）	1. 表示三相變壓器之 ⅄△ 連接的情況 2. 單相變壓器 ⅄△ 連接時以右圖表示 3. 以並列表示時，原則上在單相的場合中，可以使用複線圖的並列表示 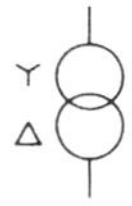 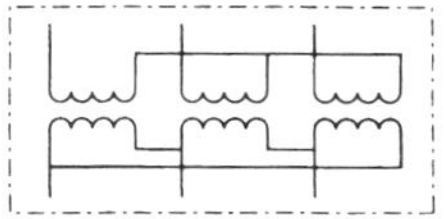

名稱	舊符號 C0301-1982 符號 單線圖用	舊符號 C0301-1982 符號 複線圖用	舊符號 C0301-1982 摘要	新符號 C0301-1990 符號 單線圖用	新符號 C0301-1990 符號 複線圖用	新符號 C0301-1990 摘要
三相變壓器（二線圈）			3. 下圖所示為以單線圖表示導體數及相數 例 1　例 2 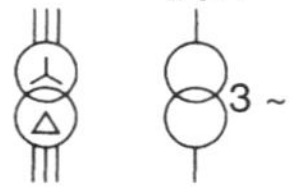 			若不需要與單向三台做區別時，外圍的 [虛線框] 可以省略 導體數　相數（三相的場合） 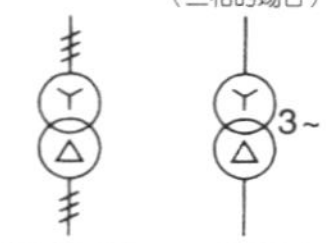 06-10-07　（IEC）
三相變壓器（三線圈）	（1-a） （1-b） (2) 	(a) (b) 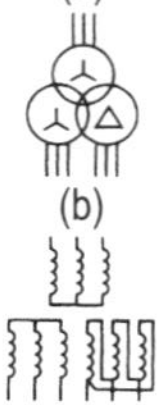	1. ⅄⅄△ 表示 ㄚㄚ△ 連接 2. 下圖所示為以單線圖表示導體數及相數 例 1　例 2 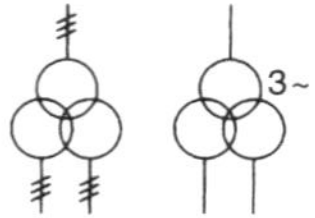 	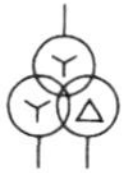 （06-10-17）	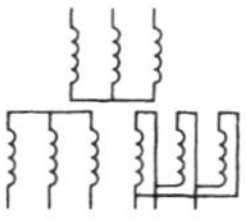 （06-10-18）	1. 表示 ㄚㄚ△ 連接 2. 下圖所示為以單線圖表示導體數及相數 導體數　相數（三相的場合） 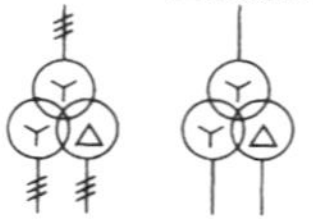 06-10-07　（IEC）
變壓器的連接例 例 1 （單相變壓器 ⅄△ 連接）	(a) 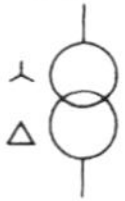	(b) 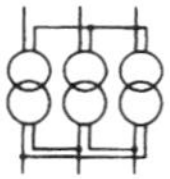	1. 以下為在單線圖中表現導體數、相數以及變壓器台數的例子	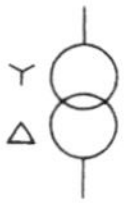	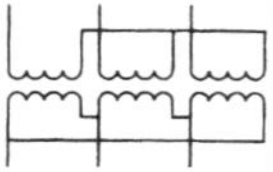 （06-10-12）	1. 單相變壓器之 ㄚ△ 連接表示 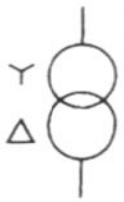

<table>
<tr>
<td>變壓器的
連接例
例 1
（單相變壓器
⅄△ 連接）</td>
<td>(b)
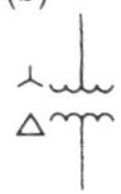</td>
<td>(b)
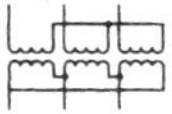</td>
<td rowspan="2">例 1
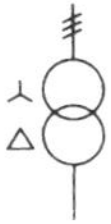
例 2
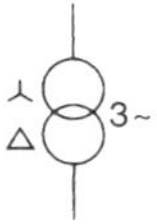
例 3
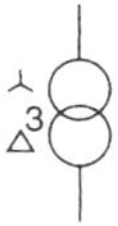</td>
<td></td>
<td></td>
<td rowspan="2">2. 以下為在單線圖中表現導體數、相數以及台數的例子
導體數
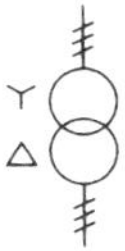
（IEC）
相數
（三相的場合）
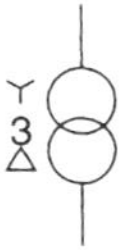
（IEC）
3. 在單線圖中接地線的引出以右圖表示

（IEC）</td>
</tr>
<tr>
<td>例 2
（三相變壓器
⅄△ 連接）</td>
<td>(a)

(b)
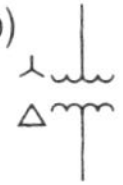</td>
<td>(a)

(b)
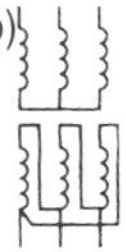</td>
<td>（單線圖用）

（06-10-07）</td>
<td>（複線圖用）
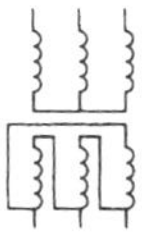
（06-10-08）</td>
</tr>
<tr>
<td>例 3
（單相三線圈
變壓器
ΥΥ△
連接）</td>
<td>(a)
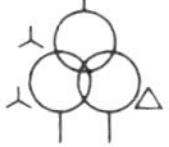
(b)
</td>
<td colspan="2">(a)
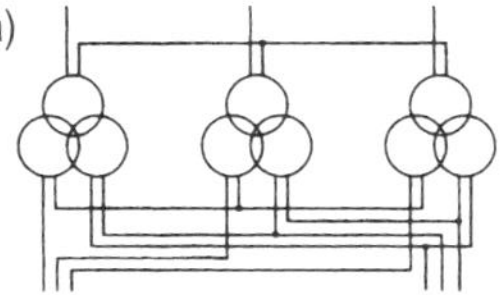
(b)
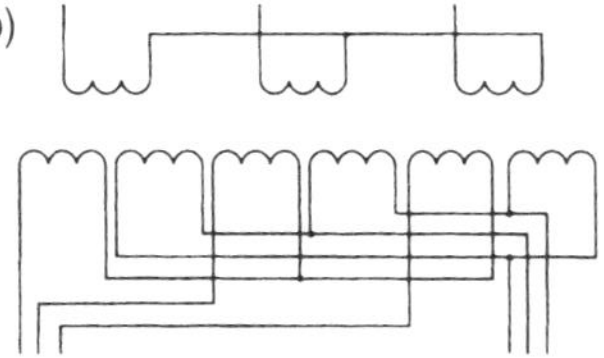</td>
<td>（單線圖用）
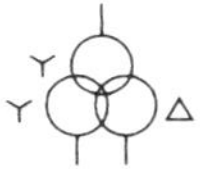
（IEC）</td>
<td colspan="2">（複線圖用）
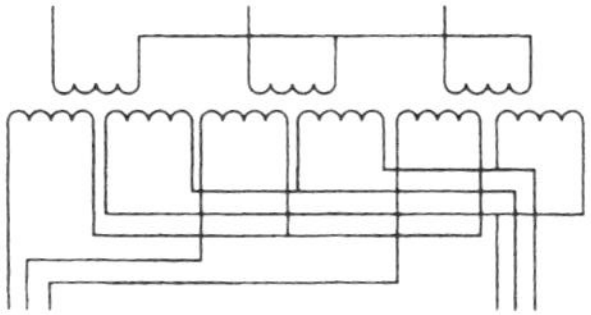
（IEC）</td>
</tr>
</table>

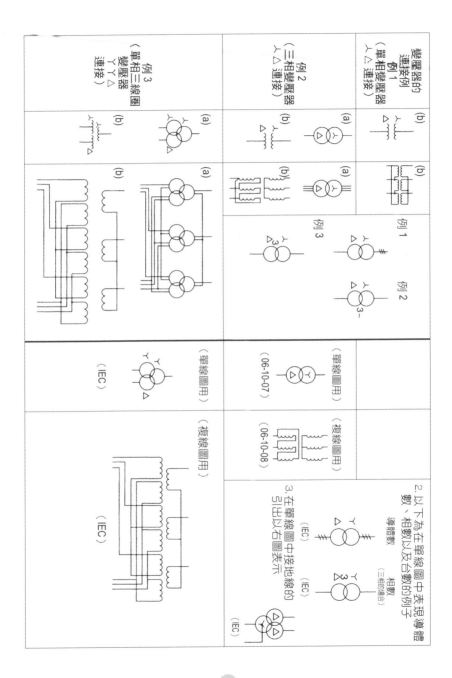

國家圖書館出版品預行編目（CIP）資料

看圖讀懂電子回路 / 稻見辰夫著；陳倉杰譯. --
初版. -- 新北市：世茂出版有限公司, 2023.03
面；　公分. -- (科學視界；274)
ISBN 978-626-7172-16-2（平裝）

1.CST: 電子工程　2.CST: 電路

448.62　　111021167

科學視界 274

看圖讀懂電子回路

作　　者／稻見辰夫
譯　　者／陳倉杰
主　　編／楊鈺儀
責任編輯／陳文君
出 版 者／世茂出版有限公司
地　　址／（231）新北市新店區民生路 19 號 5 樓
電　　話／（02）2218-3277
傳　　真／（02）2218-3239（訂書專線）
（02）2218-7539
劃撥帳號／19911841
戶　　名／世茂出版有限公司　單次郵購總金額未滿 500 元（含），請加 80 元掛號費
世茂網站／www.coolbooks.com.tw
排版製版／辰皓國際出版製作有限公司
印　　刷／傳興彩色印刷有限公司
初版一刷／2023 年 3 月
二刷／2023 年 12 月

ISBN／978-626-7172-16-2
定　　價／320 元

※本書原名為《圖解電子回路【修訂版】》現更名為此。